Der Rhein-Nordsee-Kanal

Eine Studie

von den

Kgl. Bauräten **Herzberg** und **Taaks**

Mit 1 lithographierten Tafel

Berlin
Verlag von Julius Springer
1912

ISBN-13: 978-3-642-89839-6   e-ISBN-13: 978-3-642-91696-0
DOI: 10.1007/978-3-642-91696-0

Inhaltsverzeichnis.

	Seite
Einleitung	5
1. Der Ausgangspunkt am Rhein	6
2. Die Abmessungen des Kanals	7
3. Der Endpunkt des Kanals und die Linienführung	9
4. Ausgestaltung des Längenprofils	13
5. Kulturzustand und Untergrundverhältnisse des durchschnittenen Gebiets	16
6. Die durchschnittenen Wasserläufe und ihre Abflußmengen	21
7. Schleusen und Brücken	27
8. Die Speisung des Kanals	28
Der Pumpbetrieb	33
9. Die Baukosten und die Wirtschaftlichkeit	35

Der Gedanke, dem Rhein eine deutsche Mündung zu geben, ist alt. Seit dem Anfange des vorigen Jahrhunderts ist er zu verschiedenen Zeiten immer wieder erörtert, zum Teil mit Wärme befürwortet. Der Rhein, soweit er schiffbar ist, liegt fast ganz auf deutschem Boden. Auch seine Nebenflüsse sind fast ganz deutsch. Erst kurz vor dem Ausflusse in das Meer biegt der Rhein aus dem deutschen Gebiete ab und gelangt unter niederländische Hoheit. Bei der Bedeutung, die dieser Strom für den Verkehr von alters her besessen hat, ist es verständlich, daß die Abhängigkeit eines wichtigen deutschen Verkehrsweges von fremden Interessen als nachteilig empfunden wurde, und daß der Wunsch nach Beseitigung dieser Abhängigkeit immer wieder auftauchte. Der Wiener Kongreß vom Jahre 1815 sprach zwar die Freiheit der Rheinschiffahrt bis zum Meere aus. Allein damit war der Übelstand nicht beseitigt, daß das gewaltige, vom Rhein beherrschte deutsche Verkehrsgebiet von dem Zugange zu den großen deutschen Häfenplätzen ausgeschlossen und bei der Verkehrsvermittlung zwischen Binnenschiffahrt und Seeverkehr auf ausländische Häfen angewiesen blieb, denen naturgemäß auch der aus dem Übergange erwachsende Gewinn zufloß. Dieser Zustand konnte auch durch die Gewährung von Ausnahmetarifen seitens der preußischen Eisenbahnverwaltung nur zum geringsten Teile geändert werden. Die neuen preußischen Schiffahrtskanäle schaffen nun freilich Wasserverbindungen vom Rheine zur Ems und zur Weser. Allein die Abmessungen dieser Kanäle konnten nicht derart gewählt werden, daß sie den Rheinverkehr zur Nordsee weiter zu leiten imstande wären. Daher wird auch nach Fertigstellung dieser Wasserstraßen der Rheinverkehr den Zugang zum Meere auf fremdem Gebiete suchen müssen und der Verbindung mit unseren großen Hafenplätzen an der Nordsee entbehren. Eine wirksame Abhilfe kann nur beschafft werden durch eine Wasserstraße, die dem ganzen Rheinverkehr einen Zugang zur Nordsee auf deutschem Grund und Boden schafft. Wie wir weiter unten darlegen, würde aber auch eine solche Wasserstraße den Verkehr der niederländischen Häfen keineswegs allzu empfindlich schädigen.

Wenngleich die Frage eines Rhein-Nordsee-Kanales bereits vielfach erörtert ist, so geschah dies doch bislang stets nur bezüglich der allgemeinen Gesichtspunkte. Eine Prüfung der Bedingungen, unter denen die Ausführung möglich sein würde, liegt noch nicht vor. Die Vorschläge in betreff der Linienführung, der Abmessungen und der sonstigen Bedingungen, die in der Literatur angetroffen wurden, sind teils wegen ihrer mangelnden Bestimmtheit ungenügend, teils bei näherer Prüfung unhaltbar. Will man den Plan in den Kreis ernsthafter Erörterungen einbeziehen, so ist daher zunächst eine Klarstellung der gegebenen technischen Voraussetzungen und Bedingungen unentbehrlich. Dieser Aufgabe soll die vorliegende Studie dienen. Es kann selbstverständlich nicht die Absicht sein, einen Entwurf für ein so bedeutungsvolles, weitschichtiges Unternehmen vorzulegen. Es genügt vielmehr, die grundlegenden Bedingungen klar zu stellen und zu erörtern und über die erforderlichen Aufwendungen einen ungefähren Anhalt zu beschaffen.

1. Der Ausgangspunkt am Rhein.

Als den gegebenen Ausgangspunkt für einen Rhein-Nordsee-Kanal findet man in der Literatur Ruhrort bezeichnet. Dieser Vorschlag stützt sich auf die Erwägung, daß hier der größte Rheinhafen mit seinen ausgezeichneten, nach allen Seiten ausstrahlenden Verbindungen gelegen ist. Technische Erwägungen zwingen aber nach kurzer Prüfung, den Ausgangspunkt talwärts zu verschieben.

Es bedarf keiner Erörterung, daß der Kanal vom rechten Rheinufer auszugehen hat. Wollte man nun von Ruhrort aus den Kanal am rechten Ufer nach Norden weiter führen, so müßte man die Täler der Emscher und Lippe überschreiten und zwischen diesen Tälern hohe Geländelagen durchschneiden. Die Kreuzung der Täler würde ganz erhebliche Schwierigkeiten bieten und übermäßige Kosten verursachen, ohne daß wesentliche Vorteile zu gewinnen sind. Das Fahrwasser des Rheins ist auch unterhalb Ruhrort, mindestens bis Wesel so gut, daß jeder Anlaß fehlt, den Strom unnötig früh zu verlassen.

Der natürliche Ausgangspunkt ist zwischen Wesel und Rees zu suchen. Von Rees aus wird eine Kanallinie zur Nordsee etwa 2 km kürzer als von Wesel, indes vergrößert sich dabei die ganze Länge des Schiffahrtsweges von Wesel oder den oberhalb belegenen Orten zur Nordsee um etwa 15 km. Ferner liegt der Rhein-Wasserspiegel bei Rees etwa 4 m tiefer als bei Wesel. Da aber — wie noch zu erörtern sein wird — eine Scheitelhaltung angeordnet werden muß, die wesentlich höher liegt als der Rhein, so würde es unvorteilhaft sein, auf dem Rhein unnötig weit talwärts zu gehen. Nachdem daher örtliche Studien ergeben haben, daß die Durchführung eines Schiffahrtsweges von Wesel aus nach Norden recht günstig zu gestalten ist, kann ein Zweifel darüber nicht verbleiben, daß der durch die natürlichen Verhältnisse gegebene Ausgangspunkt bei Wesel liegt.

Oberhalb Wesel mündet die Lippe in den Rhein. Dieser Fluß wird bekanntlich kanalisiert und dadurch erlangt Wesel auch Anschluß an das östlich vom Rhein entstehende Kanalnetz. Für den Übergang vom Rhein auf die kleineren Kanäle wird die Herrichtung von Hafenbecken und zugehörigen Verkehrseinrichtungen mit Eisenbahnanschluß erforderlich werden. Die Stadt Wesel plant deshalb auch unterhalb der Stadt im sogenannten Römer-Wardt Hafenanlagen, welche für die Rheinschiffe wie für die von der Lippe kommenden Kanalschiffe zugänglich sein werden. Unter diesen Umständen erscheint es gegeben, den neuen Wasserweg zur Nordsee unmittelbar neben oder durch den Hafen Wesel aus dem Rheine abgehen zu lassen. Einer solchen Anordnung sind die örtlichen Verhältnisse durchaus günstig.

2. Die Abmessungen des Kanals.

Für die Wahl der Kanallinie, des Längenprofils und namentlich des Endpunktes des Rhein-Nordsee-Kanals ist die Bestimmung der Abmessungen von maßgebender Bedeutung.

In dieser Beziehung sind folgende Erwägungen zugrunde zu legen.

Die Tiefe des Fahrwassers im Rhein beträgt bei Wesel und auf den nach oben und unten anschließenden Flußstrecken:

bei mittlerem Niedrigwasser . . . . rd. 3,00 m
bei Mittelwasser . . . . rd. 4,40 m.

Auf dem Rhein wird der Güterverkehr zum Teil durch Frachtdampfer, größtenteils aber durch Schleppkähne vermittelt, die durch Schleppdampfer bugsiert werden. Die Größe der Fahrzeuge wechselt in weiten Grenzen, ist aber im steten Steigen. Für die Schleppkähne kann heute eine Tragfähigkeit von 800 bis 2500 t als mittleres Maß angesetzt werden; doch verkehren auch Schleppkähne bis 3000 t, vereinzelt sogar bis rd. 3600 t Ladefähigkeit. Der Tiefgang dieser Kähne liegt etwa zwischen 2,00 und 3,00 m, die Breite zwischen 8,00 und reichlich 14,00 m und die Länge zwischen 65,00 und 125,00 m.

Die Frachtdampfer der hier in Betracht kommenden Rheinstrecke unterhalb Ruhrort haben erheblich geringere Abmessungen.

Für die Schleppdampfer ist eine Breite von etwa 7,00 bis 20,50 m, eine Länge von 40 bis rd. 75 m und ein Tiefgang von 1,25 bis 2,70 m anzusetzen, wobei die Maschinenkraft etwa zwischen 400 und 1500 P. S. wechselt.

Die Schleppdampfer des Rheins können für den Kanal nicht als maßgebend angesehen werden, weil die Bewegungswiderstände in dem ruhigen Kanalwasser natürlich erheblich geringer sind wie auf dem freien Strome. Es würden aus diesem Grunde für die Beförderung der Schleppkähne auf dem Kanal besondere für diesen Zweck gebaute Schlepper zu verwenden sein, deren Maschinenleistung bei gleicher Zugkraft erheblich geringer sein darf als die der Rheinschlepper. Daher werden auch die Abmessungen der Kanalschlepper kleiner.

Für die Abmessungen des Kanals sind also die Schleppkähne maßgebend. Als normal können solche von 1500 bis 2500 t Tragfähigkeit bei rd. 93 bis 100 m Länge und 12 m Breite angesehen werden, die einen größten Tiefgang von etwa 2,65 bis 2,85 bis 3,00 m erhalten.

Der Tendenz zur Vergrößerung der Fahrzeuge auf dem Rheine wird eine natürliche Grenze nur durch den Tiefgang des Flusses gesetzt, während für die Breite und Länge der freie Strom weit mehr Spielraum gewährt. Nun ist zwar zu erwarten, daß man auch auf eine Vermehrung der Fahrwassertiefen im Rhein hinarbeiten wird. Heute ist in dieser Beziehung der untere Lauf des Flusses auf holländischem Gebiete maßgebend. Dort beträgt die Fahrwassertiefe heute bei Mittelwasser nur etwa 2,85 m und geht bei mittlerem Niedrigwasser auf 2,00 m herunter, so daß für den zur See gehenden Verkehr die größte Wassertiefe des Rheins auf deutschem Gebiet nicht ausgenutzt werden kann. Würde an Stelle des niederländischen Rheines ein Rhein-Nordsee-Kanal mit gleichbleibendem Wasserstande treten, so wären die Bedingungen für eine volle Ausnutzung der im Rhein vorhandenen Fahrwassertiefe zu schaffen. Es ist nun allerdings zu erwägen, daß die angegebene Wassertiefe von 4,40 m im Rhein nur bei Mittelwasser, d. h. nur während einer beschränkten Zeit im Jahre vorhanden ist, und daß eine Verbesserung der Wasserverhältnisse im Rhein keineswegs so weit möglich sein wird, daß eine ähnliche Fahrwassertiefe für den größten Teil der Betriebszeit erreicht wird. Unter diesen Umständen ist es als gerechtfertigt anzusehen, daß man für einen Rhein-Nordsee-Kanal einen Normal-Wasserstand von 4,50 m zugrunde legt.

Diese Wassertiefe ist bei näherer Prüfung auch in Rücksicht auf die Schaffung eines ausreichenden Querprofils von solcher Größe zweckmäßig befunden, daß der Bewegungswiderstand der Fahrzeuge in wirtschaftlich angemessenen Grenzen bleibt und der Verkehr frei fahrender Schlepper ermöglicht wird. Bei den unvermeidlichen tiefen Einschnitten, die der Kanal erfordert, würde bei geringerer Wassertiefe die Schaffung eines ausreichenden Querprofils höhere Kosten erfordern.

Legt man nun als Normalfrachtschiff einen Kahn von 12 m Breite und 2,75 m Tiefgang zugrunde, so hat dieser ein Tauchprofil von 33 qm. Nach den diesbezüglichen Studien und Erfahrungen erfordert die Rücksicht auf die günstige Fortbewegung im zweischiffigen Kanal ein freies Querprofil von etwa sechsfacher Größe, also von rd. 198 qm. Es ist eine Sohlenbreite von rd. 30 m und eine Spiegelbreite von 56 m gewählt, wobei das Profil rd. 199 qm Wasserquerschnitt hat. Diese Profilgröße wird bei angemessener Befestigung der Böschungen gegen Wellenschlag über und unter dem Normalwasserspiegel auch den Verkehr der erforderlichen frei fahrenden Schlepper ermöglichen.

3. Der Endpunkt des Kanals und die Linienführung.

Nach diesen Festlegungen läßt sich nun auch die Wahl des Endpunktes für den Rhein-Nordsee-Kanal erörtern. Die in der Literatur vorgefundenen Vorschläge, den Kanal bei Hahneckenfähr in die Ems oder bei einem anderen Punkte in den Dortmund-Ems-Häfen-Kanal oder in die obere Ems einzuführen, sind in Rücksicht auf die erforderliche Wassertiefe von vornherein abzuweisen. Es ist auch nicht daran zu denken, den unteren Teil des genannten Kanals entsprechend umzubauen. Denn einerseits würde dadurch eine Betriebsstörung für den vorhandenen Kanal kaum zu vermeiden sein, andererseits würden die Baukosten dabei nicht geringer ausfallen und endlich ist auch bei der Verschiedenheit der Abmessungen für den Verkehr beider Wasserstraßen aus deren Vereinigung höchstens ein Nachteil zu erwarten. Ebensowenig kann eine Kanalisierung der Ems unterhalb Hahneckenfähr nach den Anforderungen des Rhein-Nordsee-Kanals bei der geringen Wasserführung dieses Flusses in Aussicht genommen werden. Vielmehr wird es sowohl wegen der Betriebsbedürfnisse wie der Kosten richtiger sein, den Rhein-Nordsee-Kanal durch die linksemsischen Moore hindurch nach Norden so weit fortzuführen, bis man den Teil der Ems erreicht, der in Breite und Tiefgang die erforderlichen Abmessungen darbietet.

Die örtlichen Untersuchungen haben ergeben, daß bei Rhede im Kreise Aschendorf der geeignete Punkt für die Einführung des Kanals in die Ems gegeben ist. Hier setzt oberhalb der Straßenbrücke, die die Landstraße Aschendorf-Rhede über die Ems führt, ein neuer Durchstich an, der die nötigen Abmessungen reichlich besitzt. Allerdings ist die Wassertiefe des Flusses noch nicht genügend. Allein, wenn nach den Franziusschen Vorschlägen für die Regulierung der Unter-Ems bei Papenburg eine Wassertiefe bei Niedrigwasser von 4,50 m erreicht wird, dann darf es als möglich erachtet werden, durch geeignete Fortsetzung der Regulierung etwa 8 bis 10 km stromaufwärts eine ähnliche Wassertiefe zu erreichen. Die Einmündungsstelle liegt nun zudem im Bereiche der Ebbe und Flut. Das gewöhnliche Hochwasser wird bei Papenburg nach der Regulierung etwa 0,80 m höher sein als das gewöhnliche Niedrigwasser und ein gleiches Flutintervall kann auch ungefähr für Rhede angesetzt werden, so daß damit die genügende Wassertiefe zur Einführung des Kanals an dieser Stelle dargetan ist. Es wird allerdings nötig werden, sowohl im Interesse der Schiffahrt als auch zur Hinaufführung der Flutwelle stromabwärts noch einige Durchstiche in der Ems auszuführen. Indes dürfte dies vermutlich bei der Emsregulierung ohnehin geschehen, die der preußische Staat seit etlichen Jahren ausführt und alljährlich fortsetzt.

Es erübrigt nur noch, zu bemerken, daß eine Einführung des Kanals in die Ems an einer etwas höheren Stelle sich verbietet, weil wenige Kilometer oberhalb die letzte Schleuse der heutigen Emskanalisierung liegt und weil die örtlichen Verhältnisse dann weniger günstig liegen.

Nachdem die beiden Endpunkte des Kanals festgelegt sind, kann die weitere Linienführung nur noch geringen Verschiebungen unterliegen. Maßgebend für sie ist zunächst die Lage der holländischen Landesgrenze. Eine gerade Verbindungslinie zwischen den gewählten Endpunkten würde durch Holland schneiden. Demnach verläuft die kürzeste auf deutschem Gebiet mögliche Linie zum Teil hart an der Landesgrenze her.

Der Rheinspiegel bei Wesel liegt etwa bei 16,75 über N. N. im Mittel der Jahre 1899 bis 1908. Dagegen liegt der gewöhnliche Flutspiegel der Ems bei Rhede i. H. 1,55 m über N. N.

Aus der Gegenüberstellung dieser Ziffern ergibt sich ohne weiteres, daß das Verlangen der Freunde eines Rhein-Nordsee-Kanals, eine schleusenlose Anlage zu schaffen, unerfüllbar ist. Mindestens ist der angegebene Höhenunterschied von rd. 15 m durch Schleusen oder sonstige Hebewerke zu überwinden. Aber damit hat es noch nicht sein Bewenden; denn schon in etwa 8 bis 10 km Entfernung vom Rhein liegen die Ausläufer der bis in Holland hinein sich erstreckenden westfälischen Höhenzüge, die eine ausgedehnte Hochebene begrenzen und den Durchgang nirgends in geringerer Geländehöhe als etwa 50 m über N. N. ermöglichen. Unmittelbar am rechten Hochuferrande bei Wesel liegt die Wasserscheide zwischen dem Rhein und der Yssel, die zur Zuidersee geht. Das Tal der Yssel liegt etwa 22 bis 25 m über N. N. Es ist durch einen schmalen Rücken von dem Tale der Bocholter Aa getrennt, die sich kurz hinter der Landesgrenze mit der Yssel vereinigt, bei Bocholt aber noch etwa 4 m höher liegt als die Yssel nördlich von Wesel. Da das höchste Hochwasser des Rheins bei Wesel rd. 20,50 m über N. N. liegt, so erreicht dieses also fast die Höhe des Yssel-Tales, so daß die Kanalhaltung im Anschluß an den Rhein in einer Höhe liegen muß, die den Durchgang des Kanals bis an Bocholt heran ohne weiteres möglich macht. Hier aber setzt der Rand der erwähnten Hochebene an, die auf eine Länge von etwa 50 km bei einer Höhenlage des Geländes von 40 bis 50 m über N. N. zu durchschneiden ist. Eine Linienverschiebung nach Westen ist wegen der Nähe der Landesgrenze ausgeschlossen, eine solche nach Osten würde nur noch ungünstigere Höhenverhältnisse antreffen. Demnach ist die Durchschreitung der bis 50 m über N. N. ansteigenden Geländelagen nicht zu vermeiden und die Ausgestaltung des Längenprofils für den Rhein-Nordsee-Kanal ist allein abhängig von der Entscheidung der Frage, wie tief man den Einschnitt von fast 50 km Länge in der Hochebene aus wirtschaftlichen Gründen und nach technischen Erwägungen gestalten kann. Für die Entscheidung dieser Frage kommt namentlich auch die Beschaffenheit des Untergrundes in Betracht.

In dieser Beziehung muß beachtet werden, daß hier ältere Gebirgsschichten unter einer Diluvialschicht von stark (etwa 2 bis 12 m und mehr) wechselnder Mächtigkeit anstehen, nämlich solche des Zechsteins, der Steinkohlenformation bzw. weiter nördlich der Kreideformation, deren Gehalt an Steinkohle, Steinsalz und Eisenerzen bei der endgültigen Anordnung der Kanallinie Berücksichtigung fordern wird, um die Ausbeutung möglichst wenig zu stören und die Verladung der wertvollen Produkte zu erleichtern. Starke Tonlager der Kreideformation in sehr ausgedehnter Erstreckung von Süd nach Nord werden voraussichtlich in fördernder Weise für die Kanallinie zu beachten sein und für die Ausführung genutzt werden können. Immerhin führen diese Verhältnisse zu der Erwägung, daß die Einschnittstiefe des Kanals innerhalb gewisser Grenzen zu halten sein wird, auch wenn man die Kostenfrage außer acht lassen wollte.

Wenn nun aber ein schleusenloser Kanal durch die gegebenen Verhältnisse von vornherein ausgeschlossen erscheint, dann ist es nicht gerechtfertigt, die Durchschneidung einer fast 50 km langen Strecke mit ganz bedeutenden Mehrkosten anzustreben, nur um eine oder zwei weitere Schleusen zu vermeiden. In Erwägung aller Verhältnisse dürfte daher die Anordnung einer Scheitelhaltung in einer Spiegelhöhe von etwa 40 m über N. N. gegeben sein, die nördlich von Bocholt ansetzt und nach Norden zu an Gronau i. W. vorbeiläuft, wo die holländische Grenze stark nach Osten vorgeschoben ist. Von hier aus ergibt sich dann der weitere Verlauf des Kanals nach dem Endpunkte zu in nördlicher Richtung, wo das ausgedehnte Bourtanger Moor zu durchschneiden ist.

Die hier in großen Zügen dargelegte Linienführung des Kanals ermöglicht neben der Ausnutzung günstiger Höhenverhältnisse bei kürzester Wegelänge die Berührung der in Frage kommenden Orte von industrieller Bedeutung und die Ausbeutung der im Untergrunde steckenden, noch unerschlossenen Schätze.

Nachdem die Grundlagen der ganzen Anordnung des Kanals gewonnen sind, läßt sich auch im einzelnen die Wahl der geeigneten Linie und des zugehörigen Längenprofils besprechen unter dem selbstverständlichen Vorbehalte, daß die endgültige Festlegung unter Berücksichtigung aller gegebenen Bedingungen der Bearbeitung eines genaueren Entwurfes vorbehalten bleiben muß.

Die im folgenden beschriebene Linie ist nach örtlichen Studien und Besprechung mit den Interessentenkreisen des durchzogenen Gebietes in Vorschlag gebracht und in den beiliegenden Plänen dargestellt.

Der Kanal verläuft vom Rhein in nördlicher Richtung nach Bocholt und läßt die Orte Hamminkeln, Ringenberg und Dingden östlich liegen. Nordöstlich an Bocholt vorbeiführend bleibt hier zwischen Kanal und Stadt genügend Gelände frei für Hafenanlagen mit Gleisanschluß vom Bocholter Bahnhof aus. Weiterhin verläuft der Kanal zwischen Barlo und Vardingholt, westlich an Groß-Burlo und Öding vorbei, hier auf 10 km Länge der Landesgrenze sich auf etwa 1 km nähernd.

In derselben Richtung geht der Kanal zwischen Stadtlohn und Vreden mit annähernd gleichem Abstande von diesen beiden Orten durch. Eine nähere Heranführung an einen dieser Orte ist wegen der Höhenverhältnisse ungünstig. Durch die gekreuzte Westfälische Landes-Eisenbahn Stadtlohn—Vreden ist für beide Orte ein Anschluß an den Kanal möglich.

Im weiteren Verlaufe führt der Kanal westlich an Ottenstein und östlich an Alstätte vorbei nach Gronau i. W., um dieses nordwestlich zu umgehen. Für die Lage des Kanales bei Gronau war die Lage zu den großen Industriestätten dieses Ortes und namentlich auch die Rücksicht auf die Kreuzung der Dinkel bestimmend. Unterhalb der Stadt kann die zur Kanalspeisung erforderliche Wassermenge unbedenklich entzogen werden, was oberhalb der Stadt nicht zulässig wäre. Für Hafenanlagen sind an der Nordseite der Stadt günstige Vorbedingungen gegeben sowohl in betreff der Geländehöhen, als in Rücksicht auf Anschluß an den Bahnhof Gronau, wie auch wegen der Nähe der Textilfabriken. Eine Linienführung des Kanals südöstlich an Gronau vorbei ist zwar möglich, erscheint aber nicht so vorteilhaft wie die andere in Rücksicht auf Kanalspeisung und Hafenanlagen, wenngleich sich dabei eine schlankere Linienführung ergeben würde. Es muß einer speziellen Projektbearbeitung vorbehalten bleiben, für die Lage bei Gronau die endgültige Entscheidung zu treffen.

Von Gronau i. W. verläuft die Linie in westlicher Richtung dicht an der Landesgrenze weiter, um bei der Provinzgrenze zwischen Westfalen und Hannover mittels großer Kurve die nördliche Richtung wieder aufzunehmen. Die Rücksicht auf günstige Höhenverhältnisse bedingt die entfernte Lage von Bentheim, westlich von Westenberg. Weiterhin bleiben Brandlecht und Hesepe östlich liegen.

An Nordhorn, dem letzten größeren Ort mit Industrie, vor Eintritt in die links-emsischen Moorgebiete, führt der Kanal südöstlich vorbei. Durch den in Spiegelhöhe gekreuzten Ems-Vechte-Kanal ist bei Nordhorn der Anschluß an den Dortmund-Ems-Kanal, die links-emsischen Moorkanäle, sowie mittels des Almelo-Nordhorn-Kanals nach Holland ermöglicht. Von Nordhorn aus läuft der Kanal in nördlicher Richtung durch die Moorgebiete weiter. Der Ort Wietmarschen ist östlich umgangen, der Ort Schwartenpohl ohne Schwierigkeit gekreuzt. Die Moore werden günstig durchschnitten, wobei deren gute Entwässerung durch den Kanal als Vorfluter zu ermöglichen ist.

Der Haren-Rütenbrocker-Kanal ist ebenfalls in Spiegelhöhe gekreuzt, so daß auch hier eine Verbindung mit dem Dortmund-Ems-Kanal und den holländischen Kanälen erzielt wird. In schwach nordöstlicher Richtung werden vom Kanal weitere Gebiete des Bourtanger Moores durchschnitten, wobei eine Entwässerung durch den Kanal auch hier möglich wird.

Etwa 49 km oberhalb Emden-Außenhafen, 4 km unterhalb der letzten Schleuse der kanalisierten Ems bei Herbrum und 9 km oberhalb der Einmündung des Papenburger Schleusenkanales läuft die Kanallinie bei Rhede i. H. in die Ems ein.

Die Gesamtlänge der Kanalstrecke ergibt sich bei dieser Linienführung zu 170,7 km. Hiervon liegen 12,3 km in der Rheinprovinz, 65 km in Westfalen und 93,4 km in der Provinz Hannover.

4. Ausgestaltung des Längenprofils.

Der Ausgangspunkt des Kanals ist am Rhein unterhalb des geplanten städtischen Hafens angeordnet. Die I. Schleuse liegt vor km 2. Vor und hinter der Schleuse ist ein Vorhafen erforderlich, der die ankommenden und abgehenden Schiffe aufzunehmen hat, weil beim Übergang vom Flußbetrieb auf den Kanalbetrieb unvermeidliche Aufenthalte entstehen. Die Länge eines Schleppzuges in eng aufgeschlossener Lage wird man für

3 Kähne und 1 Schlepper mit rd. 375 bis 400 m anzusetzen haben. Bei 2 Schleppzügen wird eine Länge der Vorhäfen mit 700 bis 800 m anzusetzen sein und die Breite mit rd. 90 m im Wasserspiegel, damit das Fahrwasser zwischen den beiderseits liegenden Kähnen in voller Breite frei bleibt. Es wird unter diesen Umständen zweckmäßig sein, zwischen der Schleuse und der Chaussee nach Rees rd. 400 m Länge freizulassen. Hieraus bestimmt sich die Lage der I. Schleuse.

Der Wasserstand des Rheines ist bei Mittelwasser rd. 16 m über N. N., bei dem höchsten schiffbaren Wasserstande 22,13 m über N. N. Der höchste Wasserstand der Jahre 1899—1908 war 20,54 m über N. N.

Die erste Haltung erhält eine Höhenlage des Wasserspiegels mit rd. 21,5 m. Daher wechselt das Spiegelgefälle der Schleuse I etwa von 0 bis 8,5 m und beträgt bei Mittelwasser rd. 5,5 m.

Die erste Haltung reicht bis hinter Bocholt. Hier ist eine Doppelschleuse von 2 × 9,25 m Spiegelgefälle angenommen, mit welcher die Scheitelhaltung erreicht wird. Die Schleuse II, Doppelschleuse, liegt bei km 23, so daß die erste Haltung eine Länge von 21 km erhält.

Die Scheitelhaltung reicht von km 23 bis km 71, sie ist also 48 km lang und endet vor Gronau, wo die Schleuse III mit 9,25 m Spiegelgefälle in die dritte Haltung hinabsteigt.

Die dritte Haltung ist 23 km lang und endet bei km 94 südlich von Nordhorn vor dem Tale der Vechte. Hier ist eine Schleuse IV mit 9,25 m Spiegelgefälle angeordnet.

Der Wasserspiegel bei Gronau ist unter Berücksichtigung der örtlichen Verhältnisse auf 30,75 m über N. N. angeordnet.

Die vierte Haltung mit einer Spiegelhöhe von 21,50 m über N. N. hat die Kreuzung der Vechte und des Vechte-Ems-Kanals zu bewirken. Beide haben einen Normalwasserstand von 21,5 m über N. N. Die Vechte ist durch ein Stauwerk angestaut, so daß der Wasserspiegel wenig wechselt. Aus diesem Grunde scheint eine offene Verbindung der gekreuzten Wasserläufe mit dem Seekanal zulässig, wobei sich für diesen die Spiegelhöhe von 21,50 m ergibt. Diese Haltung ist 21 km lang und reicht bis km 115.

Die fünfte Haltung ist 23 km lang. Ihr Wasserspiegel ist in Rücksicht auf die Lage der Sandschicht unter den Mooren auf + 16,0 angeordnet. Die beiden Schleusen oberhalb und unterhalb haben je 5,5 m Gefälle.

Bei km 138 beginnt die sechste und letzte Haltung, welche bei 16 km Länge bis km 154 reicht. In ihr liegt die Kreuzung des Haaren-Rütenbrocker-Kanals, dessen Wasserstand die Höhenlage dieser Haltung bestimmt hat, so daß eine offene Verbindung möglich wird.

Die Schleuse VII unterhalb der sechsten Haltung hat im Mittel 9 m Gefälle und steigt bis auf den Wasserspiegel der Ems hinab. Der Kanal ist von km 154 bis 171 weiterzuführen, um hier bei Rhede i. H. die Ems zu erreichen. Da die gewählte Wassertiefe des Kanals mit der künftig in der Ems zu erwartenden Wassertiefe gut übereinstimmt, auch die Profilbreiten groß genug sind, so wird die Flutwelle der Ems bis Schleuse VII hinauflaufen, so daß der Anschlußkanal den Charakter des offenen Flußlaufes erlangen wird.

Im ganzen sind also 6 Haltungen mit 2 Endschleusen und 5 Mittelschleusen vorgesehen, wovon 1 Schleuse als Doppelschleuse gedacht ist. Die Längen der Haltungen haben in günstiger Weise so gewählt werden können, daß ein regelmäßiger Betrieb der Schleppzüge möglich sein wird, ohne erhebliche Aufenthalte an den Schleusen zu verursachen. Die Schleusen erhalten durchweg 5,5 oder 9,25 m Spiegelgefälle, so daß die Schleusentore in ihrer konstruktiven Durchbildung vielfach gleich werden. Bei der ersten Haltung ist die Anordnung so getroffen, daß der Kanalspiegel durchweg wenig unter dem Grundwasserstande liegt. Daher werden einerseits die Kulturen der Umgebung nicht durch Wasserentziehung geschädigt, andererseits werden Wasserverluste aus dem Kanal vermieden. Auch ist bei der angenommenen Höhenlage die Einführung der Wasserläufe zur Speisung ermöglicht. Es wird Gegenstand besonderer Erwägungen sein müssen, ob und inwieweit eine Durchführung von Wasserläufen mittels Düker unter dem Kanal hindurch oder aber eine Abgabe von Wasser aus dem Kanal nach der Talseite zu erforderlich sein wird, um für die landwirtschaftlichen Zwecke das genügende Wasser in die Wasserläufe wieder abzugeben und Hochwasser abzuführen.

Die Scheitelhaltung ist sehr tief eingeschnitten. Dies erscheint einerseits zulässig, weil wertvolle Kulturen in dem durchschnittenen Gebiet nur in beschränktem Umfange vorhanden sind und weil andererseits eine weitere Vermehrung der Schleusenzahl vermieden werden muß. Die gewählte Höhenlage zeigt sich auch günstig bei der Durchschneidung mehrerer Flußtäler, indem sie die Zuführung von Wasser in den Kanal durchweg ermöglicht, was für die Speisung sehr vorteilhaft ist. Allerdings werden außerordentlich große Erdarbeiten erforderlich, die hohe Kosten verursachen.

So dringend wünschenswert es erscheint, die Zahl der Haltungen zu vermindern, so wird das doch nach Lage der Verhältnisse nicht zu erreichen sein. Moderne Schleusen ermöglichen aber dem Schleppzuge eine so rasche Abfertigung, daß der entstehende Aufenthalt eine unzulässige Verschlechterung der Gesamtanlage nicht ergibt und gegenüber den vorliegenden gegebenen Bedingungen nicht ins Gewicht fallen darf (s. S. 37).

5. Kulturzustand und Untergrundverhältnisse des durchschnittenen Gebiets.

Die durchschnittenen Gelände sind, abgesehen von der ersten Strecke bis Bocholt und den Lagen bei den Ortschaften, nur von geringem Kulturwert, überwiegend Heide und Moor. Unter den ebenen Heideflächen des nördlichen Westfalen steckt aber ein bunter Wechsel alter Gebirgsglieder, die — wie schon erwähnt — reiche Schätze enthalten. Immerhin wird sich der Grunderwerb durchweg mit geringem Kostenaufwande ermöglichen lassen. Folgende Angaben mögen von Interesse sein.

Die geologischen Verhältnisse der von dem Kanal berührten Gebiete sind durch verschiedene Arbeiten namhafter Geologen soweit geklärt, daß eine Aufschließung des Untergrundes durch Bohrungen für unsere Arbeit entbehrlich war. Die örtlichen Besichtigungen und Erkundigungen, sowie die Benutzung geologischer Karten haben ein Material ergeben, das im folgenden verarbeitet ist:

In der Strecke zwischen Wesel und Bocholt wird anfangs Lehm mit Kies im Untergrunde, später Sand und sandiger Lehm durchschnitten, welcher über der bei km 15 durch anderweitige Bohrungen festgestellten bis 80 m und mehr starken Tonschicht lagert. Auch in dieser Strecke ist durchweg ein hoher Grundwasserstand angetroffen.

Es ergibt sich ferner, daß zwischen Bocholt und Gronau die Kanalsohle fast durchweg in schweren Boden wie Ton, Mergel und Kalk einschneidet, welcher von alluvialen und diluvialen Sand- und Lehmschichten von verschiedener Mächtigkeit überlagert ist. Der Grundwasserstand steht auf der ganzen Strecke ziemlich dicht unter Gelände. Seine Senkung ist auf weite Strecken für die Hebung der Bodenkulturen zweckdienlich. Gegen zu große Wasserentziehung des Untergrundes durch den tiefen Kanaleinschnitt werden verhältnismäßig nur geringe Dichtungsarbeiten in den Böschungen erforderlich werden. Felsen konnte zwischen km 38 und 40 als Sandstein und bei km 45 als Kalkstein festgestellt worden.

Über Gronau hinaus werden nur alluviale Sandschichten durchschnitten, in welchen das Grundwasser sehr hoch ansteht. Von Nordhorn an werden die Sande auf weite Strecken von Moor überlagert. Die Tiefe des Moores ist durch örtliche Erkundigungen festgestellt und danach eine mittlere Moortiefe in die Längenprofile eingetragen.

Vor dem Endpunkt des Kanales werden sandige Dünenbildungen der Ems durchschnitten.

An nutzbaren Mineralien und Gesteinen kommen in den von der Scheitelhaltung durchfahrenen Gebieten in Frage: Steinkohle in der Gegend bei Öding (km 40), Eisenerze zwischen km 55 und 70, Kalk und Ton hauptsächlich zwischen km 40 und 62, Steinsalze und eventuell auch andere Salze werden vermutet in der Gegend bei Öding. Sie sind in Holland zwischen Winterswyk und der Landesgrenze durch Bohrungen festgestellt worden.

Im folgenden wird das Ermittelte näher dargelegt.

In der ersten Haltung km 0 bis 23 werden von dem Kanal wohl nur alluviale und diluviale Bodenschichten durchschnitten. Zwischen km 0,0 und der Chaussee Wesel—Rees km 2,2, im Hochwassergebiet des Rheins, finden sich Lehm- und Tonablagerungen bis zu 6,0 m Stärke, welche in Ziegeleibetrieben verarbeitet werden. Darunter findet sich Kiessand. Der Grundwasserstand liegt in Höhe des Rheinwasserstandes. Von km 2,2 bis 5 führt die Linie durch lose, sandige Dünenbildungen. Weiterhin, etwa bis km 18, besteht die obere Bodenschicht aus Lehm und lehmigem Sandboden, in welchem das Grundwasser im Mittel 1 bis 2 m unter Gelände angetroffen wird. Die Kanalsohle schneidet nicht in die unteren Kiesschichten ein. In Rücksicht auf die Lage des Kanalspiegels zum Grundwasserspiegel sind Dichtungsarbeiten entbehrlich. Durch verschiedene Bohrungen zwischen km 13 und 20, welche für das Wasserwerk Bocholt ausgeführt sind, ist hier der Untergrund aufgeschlossen. Die oberste Bodenschicht bis zu 5 m Stärke besteht aus lehmigen oder tonigen Sanden, in welche die Kanalsohle einschneidet, darunter findet sich feiner Sand, der nach unten in Kies übergeht. Etwa 8 bis 12 m unter Gelände wird die tertiäre Tonschicht angetroffen, deren Unterkante bei 80 m Tiefe noch nicht erreicht ist. Östlich der Kanallinie zwischen km 15 und 18 tritt die Tonschicht zutage und wird hier in verschiedenen Ziegeleien verarbeitet.

In dem durchschnittenen Tal der Bocholter Aa und weiter bis etwa km 34 bei Groß-Burlo werden in der obersten Bodenschicht feinere und gröbere kiesige Sande angetroffen mit Unterbrechung zwischen km 31 und 33 durch ein Moorgebiet, das Kloster-Venn, von rd. 1,50 m Mächtigkeit. Die obersten Schichten lagern in verschiedener Stärke bis etwa 8 m über tertiären Tonen, welche östlich von km 23 in einer Ziegeleigrube gut aufgeschlossen und südöstlich von km 31 durch eine Bohrung bei 70 m Tiefe noch nicht durchfahren sind. Die Kanalsohle wird zwischen km 23 und 34 in die Tonschicht einschneiden, so daß gegen Versickerung keine Maßnahmen zu treffen sind. Der Grundwasserstand liegt etwa 1,5 bis 2,0 m unter Gelände. Zum Teil werden auf dieser Strecke Dichtungsarbeiten gegen Grundwasserabsenkung auszuführen sein. Für einzelne Strecken erscheint jedoch eine Senkung des Grundwassers für die Landwirtschaft von Vorteil.

Von km 34 bis 72 bei Gronau i. W. führt die Kanallinie durch den Westrand des sog. Münsterischen Beckens der unteren Kreide.

Die geologischen Verhältnisse dieses Gebietes sind nach einer Abhandlung von R. Bärtling in Nr. 2, Jahrgang 1908 der Monatsberichte der Deutschen Geologischen Gesellschaft ziemlich klargestellt. Die überlagernden alluvialen und diluvialen Sandschichten wechseln von 1 bis 12 m Mächtigkeit. Der obere Gault beginnt mit Flammenmergel und geht in den tieferen Schichten in fetten Ton über, unter welchen tonige Grünsande mit Glaukonitkörnern und der untere Gault folgen, dessen tiefschwarze Tone mit reichem Glimmergehalt in den Ziegeleigruben nördlich von Stadtlohn gut aufgeschlossen sind. Die unterste Stufe des Gault bildet ein mächtiger Sandsteinhorizont mit Brauneisensteineinlagerungen in unregelmäßigen Nestern und Bänken. Diese Gaultsande sind von km 47 bis 57 festgestellt. Die Tone im Liegenden der Quarzsande des „Aptien" und „Barremien" sind hellgrau und haben geringen Glimmergehalt. Diese Stufe ist reich an Toneisensteinen. Unter diesen hellgrauen Tonen tritt eine mächtige Folge von Sanden und Kalkeisensteinen auf, die dem Hauterivien zuzurechnen und ohne nennenswerte Diluvialdecke zwischen den Barler Bergen und Alstätte zu verfolgen sind und von der Kanallinie zwischen km 57 und 60 durchfahren werden. Zwischen den Schichten des Hauteriviens und des Wealden schieben sich fette, zähe dunkle Tone ein, die stellenweise große Mengen von Pyrit enthalten, worauf die Schwefelkiesmutung „Hugo" bei der Haarmühle westlich von Alstätte nahe der Landesgrenze basiert. Der Wealden besteht in dem Gebiet aus grauen bis schwarzen Tonen und Tonmergeln, in dem feste Kalkbänke eingelagert sind. Bei km 45 führt die Kanallinie durch eine Kalkbank, welche fast ganz aus Cyrenenschalen besteht. Hier sind früher Bausteine und Chausseebaumaterial gewonnen. Die Bruchstelle ist jetzt mit Wasser gefüllt.

Die in dem Gebiet zwischen km 34 und 72 vorkommenden Tone der unteren Kreide werden in verschiedenen Ziegeleien zu guten Bausteinen verarbeitet. Größere Anlagen finden sich bei Öding, nördlich von Stadtlohn, bei Alstätte und Gronau i. W. Östlich von der Kanallinie bei Südlohn, Stadtlohn, Wüllen und Wessum findet sich auf den Höhenrücken in den Kalken des Turons ein vorzügliches Material für die Kalkindustrie, welches in mehreren kleineren Anlagen mit bestem Erfolge verarbeitet wird.

Von km 38 bis 41 führt die Kanallinie durch ein Gebiet, in welchem auf rd. 1,5 km Länge Felsarbeiten zu bewältigen sind.

Nach einem Gutachten des Professors Dr. Krusch sind für die Gegend bei Öding gute Aussichten als zukünftiges Bergbaugebiet vorhanden. Hier sind durch Tiefbohrungen Hartsalze mit Kali festgestellt. — Die Bohrungen werden von der Fürstlich Salm-Salmschen Verwaltung mit guten Hoffnungen bis in das Steinkohlengebirge fortgesetzt. Westlich von Öding bei Winterswyk in Holland wird seitens der holländischen Regierung mit Eifer gebohrt. Dort sind Hartsalze schon bei 200 m Tiefe angetroffen.

Zwischen km 55 und 70 führt der Kanal durch das Toneisensteinlager des Münsterlandes. Das Gebiet dehnt sich aus zwischen Gronau, Bentheim, Ochtrup und geht im Westen von Gronau über Epe durch den Kreis Ahaus in die Umgebung von Alstätte bis zur westlichen Landesgrenze und in einem schmalen Streifen von Alstätte südlich bis über Stadtlohn hinaus an der Ostseite des Kanales entlang zwischen km 42 und 55. Die Größe des ganzen Gebietes, in welchem die Erze lagern, wird von Geologen auf 150 qkm geschätzt. Die Eisensteine finden sich dort in Lagen von 5 bis 20 cm Stärke eingebettet zwischen Tonschichten von 0,60 bis 1,0 m Stärke. Sie lassen sich nur im Baggerbetriebe gewinnen. Bei Alstätte ist in einem Versuchsschacht aus 2,5 cbm Gebirge 1 t Eisenstein gewonnen, dessen Roheisengehalt nach einfachem Rösten zu rd. 45 v. H. als Mittel gefunden ist. Bei den jetzigen Verkehrsverhältnissen ist selbst in Zeiten der Hochkonjunktur eine Ausbeutung der Eisensteinlager nur mit geringem Nutzen möglich gewesen.

Die Kanallinie führt von km 63 bis km 67 durch ein Moorgebiet, das Amts-Venn, welches bis 4 m Mächtigkeit hat. Bei km 72 führt die Linie an der Tongrube der dortigen Ziegelei vorbei, welche einen Einblick in die Mächtigkeit der Tonschichten gibt. Die Sohle der Grube liegt etwa 32,0 m unter Gelände auf rd. + 5,0 m über N. N. ohne Grundwasserandrang.

Von km 34 bis 72 liegt die Kanalsohle in einer Tiefe, in welcher durchweg die Ton- und Mergelschichten durchschnitten werden. Dadurch erübrigen sich auch hier Vorkehrungen gegen Versickerung des Kanalwassers. Die Absenkung des in den alluvialen und diluvialen Bodenschichten rd. 1 bis 3 m unter Gelände anstehenden Grundwassers durch den Kanaleinschnitt wird sich wegen der Feinkörnigkeit der Schichten nur auf kurze Entfernung bemerkbar machen, so daß hierfür Dichtungen nur in geringem Umfange erforderlich werden. Streckenweise wird eine Absenkung des Grundwassers sogar erwünscht, z. B. zwischen km 62 und 68 im Amts-Venn.

Von km 72 bis 85 werden von der Kanallinie Flächen mit gleichen geologischen Verhältnissen wie zwischen km 34 und 72 durchschnitten. Die oberen Bodenschichten bestehen aus feinen Sanden, in denen das Grundwasser rd. 1 bis 2 m unter Gelände ansteht. Wahrscheinlich werden von der Kanalsohle die tiefliegenden Tonschichten nicht erreicht. Östlich, nach Bentheim zu, treten die Formationen der Kreide, wie Gault und Hils, und nördlich von Bentheim auch Wealden zutage. Die Steinbrüche bei Gildehaus und Bentheim liefern einen guten Sandstein in weißer, gelber und roter Färbung.

Von km 85 führt die Kanallinie bis zur Einmündung in die Ems nur durch alluviale und diluviale Bodenschichten, welche auf weite Strecken von Mooren überlagert sind. Zum Teil findet sich in den durchweg feinen Sanden auch Raseneisenstein. Der Grundwasserstand ist durchweg sehr hoch, so daß eine Absenkung desselben mit Vorflut in den Kanal erwünscht ist. Zwischen km 85 und 105 werden Ödländereien auf Sandschichten von ziemlicher Mächtigkeit durchschnitten. Das Ödland wird bei km 89 und zwischen km 95 und 98 im Vechte-Tal von Wiesen und Ackerland unterbrochen. Von km 105 bis 111 finden sich fruchtbare Wiesen auf sandigem Untergrund.

Bei km 111 tritt die Kanallinie in das Gebiet des Bourtanger Moores ein und verläuft hierin etwa bis km 157. Die größte mittlere Moortiefe in den einzelnen Moorgebieten liegt zwischen 2 bis 5 m, abgesehen von einzelnen tiefen sogenannten Moorkolken. Durchweg schneidet die Kanalsohle in die Sandschichten ein. Zwischen km 138 und 144 beim Haren-Rütenbrocker-Kanal und zwischen km 157 und 164 bei Neudersum wird das Moor unterbrochen von sandigen Ödländereien und Ackerland. Die zwischen km 164 und 170 liegenden moorigen Wiesen werden vor km 168 durch die Borsumer Berge und vor km 170 ebenfalls durch einen Hügel unterbrochen. Diese Erhöhungen sind wohl als Dünenbildungen längs der Ems anzusprechen. Gleich hinter diesen Dünen wird der Flußlauf der Ems bei km 170,7 der Kanallinie erreicht.

Durch die Begehung der Kanallinie sind die Kulturen und Bodenpreise durch Befragen der ortsansässigen Bevölkerung festgestellt.

Gute Bodenkulturen werden vornehmlich zwischen Wesel und Bocholt und zum Teil in den Tälern der gekreuzten Wasserläufe angetroffen. Nördlich von Bocholt bis zum Endpunkt des Kanales werden auf weite Strecken Ödland und Moorgebiete, die größtenteils zum Bourtanger Moor gehören, durchschnitten.

Die Bodenpreise sind durchweg als niedrig zu bezeichnen, abgesehen von den Gebieten in der Nähe der größeren Orte, wo höhere Preise in Rücksicht auf Verwendung der Ländereien als Bauland gezahlt werden. Seit einigen Jahren macht sich ein Anziehen der Bodenpreise bemerkbar, welches seine Begründung durch die in Aufnahme befindliche Kunstdüngung sowie durch große private Landankäufe findet.

Der Kanal kann vermöge seines tief im Gelände liegenden Wasserspiegels recht gut zur Entwässerung der Moorgebiete und zur Absenkung des Grundwassers in verschiedenen Strecken eine Verwendung finden, durch welche für die Landwirtschaft große Gebiete erschlossen werden. Hierdurch wird eine erhebliche Wertsteigerung der betreffenden Gebiete hervorgerufen werden.

Über den Kulturwert der Gelände im einzelnen wurde folgendes ermittelt:

In der Aue, km 0,0 bis 2,2 wird fruchtbares, lehmiges Acker und- Wiesenland durchschnitten, welches im Hochwassergebiet des Rheines liegt. Ein Ar kostet etwa 150 M. Weiterhin bis km 4,5 liegt die Linie in den Kanonenbergen, sandigen Dünenbildungen mit Kiefernbestand. Hier ist ein Ar mit 50 M zu bewerten.

Von km 4,5 bis zur Yssel, km 11,0 wird gutes, lehmiges Ackerland durchschnitten, für welches im Mittel 60 M für 1 Ar zu zahlen sind. Zwischen km 11,0 und 14,0 wird Wiesenland, von km 14,0 bis 18,0 Ackerland und etwas Mischwald auf Lehmboden und lehmigem Sandboden geschnitten. Wiesen kosten im Mittel 60 M, Acker 50 M für 1 Ar.

Von km 18,0 bis 22,0 steigt der Preis bis auf 160 M für 1 Ar, da das Land in der Nähe von Bocholt für die Bebauung in Betracht kommt. Weiterhin von km 22,0 bis 31,0 durchschneidet der Kanal in der Ziegelheide Kiefern- und Mischwald auf Sandboden, sowie zwischen Barlo und Vardingholt größere Heideflächen, die zum Teil jetzt urbar gemacht werden. Im Mittel ist für 1 Ar etwa 40 M zu rechnen. Im weiteren Verlaufe schneidet die Linie zunächst ein Moorgebiet, das Kloster-Venn, darauf Waldparzellen bis km 36. Das Moor ist mit 30 M, der Wald mit 40 M für 1 Ar anzusetzen.

Zwischen km 36 und 40 bei Öding werden gute Wiesen und Äcker geschnitten, welche 60 und 50 M für 1 Ar kosten. Weiterhin in der Vitiverter Mark und im Wenningfeld werden Waldparzellen bis km 43,0 und Heideflächen bis km 47 durchschnitten. Von dem sandigen Gelände kostet ein Ar im Mittel etwa 20 M.

Von km 47,0 bis 51,0, im Vredener Feld, werden gleichartige Flächen mit demselben Wert wie oben geschnitten. Zwischen km 51,0 und 62,0 liegt die Linie in Acker-, Wiesen-, Wald- und Heideparzellen, welche teils lehmigen, teils sandigen Boden haben. Für Wiesen sind im Mittel etwa 50 M, für Acker 40 M und für Heide oder Wald etwa 20 M für 1 Ar zu zahlen. In der Nähe von Ottenstein und Alstätte ist das Wiesen- oder Ackerland bis zu 80 M für 1 Ar wert. Die Wiesen in der Mähne an der Ahauser Aa werden trotz erfolgter Regulierung der Aa oft von Hochwasser überschwemmt. Eine Aufhöhung der Wiesen durch beim Kanalbau gewonnene Bodenmassen kann nur vorteilhaft sein.

Von km 62 und 67 durchschneidet der Kanal das Amts-Venn, welches im Mittel 1 bis 2 m Moortiefe hat und für 1 Ar etwa 15 M kostet. Eine gute Entwässerung dieses Gebietes durch den Kanal ist möglich und würde der Landwirtschaft große Flächen erschließen. Die zwischen km 67,0 und 70,0 liegenden Heide- und Waldflächen mit sandigem Boden kosten für 1 Ar etwa 15 bis 20 M.

Nördlich von Gronau i. W., zwischen km 70,0 und 74,0 wird Heideland mit etwas Wiesen an der Dinkel geschnitten. In Rücksicht auf die Nähe der Stadt wird ein Ar mit etwa 150 M im Mittel anzusetzen sein.

Von km 75,0 bis 82,0 liegt die Linie größtenteils im Heideland, teils durch Kiefernwald und in der Nähe der Ansiedlungen durch Ackerland auf Sandboden unterbrochen. Für Wiesen oder Acker sind etwa 40 bis 50 M, für Heide oder Wald 15 M für 1 Ar zu rechnen.

Zwischen km 82 und 85, bei Westenberg, wird gutes Acker- und Wiesenland auf Lehmboden durchschnitten, welches etwa 60 M für 1 Ar kostet.

Von km 85 bis 95 liegt die Kanallinie in sandigem Heideland mit Unterbrechung durch Wiesen bei km 89. Im Durchschnitt kann für 1 Ar etwa 25 M gerechnet werden. Bei km 86 sind im Frühjahr 1910 große Flächen zur Urbarmachung angekauft und für 1 Ar bis zu 20 M gezahlt worden. Weiterhin, zwischen km 95 und 98 durchschneidet der Kanal Acker- und Wiesenland von Brandlecht und Hesepe, welches mit 50 und 40 M im Mittel angesetzt werden kann.

Von km 98 bis 106, in der Nordhorner Heide, wird schlecht entwässertes Heideland mit etwas Wiesen geschnitten. Dieses wird mit 10 M für 1 Ar berechnet. Von km 106 bis 111 liegt die Linie im Wiesenland von Wietmarschen und Schwartenpohl. Bessere Entwässerung ist hier erwünscht, für 1 Ar werden im Mittel etwa 80 M zu zahlen sein.

Bei km 111 tritt die Kanallinie in das Moorgebiet ein und verläuft hierin zunächst bis km 138. In den Mooren schwankt der Preis zwischen 20 bis 75 M für 1 Ar, jenachdem die Flächen besser entwässert sind oder in der Nähe von Ansiedlungen liegen. Durch ausreichende Entwässerung mittels des Kanales als Vorfluter wird der Bodenwert der Moorgebiete sehr gehoben werden.

Von km 138 bis 144 durchschneidet der Kanal feinsandige Heideflächen zwischen Langenberg und Altenberge, welche in geringem Umfange von Ackerland unterbrochen werden. Für Acker sind im Mittel 40 M, für Heide 15 M für 1 Ar zu zahlen.

Bei km 144 werden wiederum Gebiete des Bourtanger Moores geschnitten, welche sich bis km 157 ausdehnen. Die Bodenpreise sind gleichartig wie in den anderen Moorgebieten. Auch hier wird durch Entwässerung der Moore eine erhebliche Wertsteigerung eintreten.

Von km 157 bis 162 wird Heideland und Ackerland von Neudersum geschnitten. Letzteres ist mit 100 M für 1 Ar zu bewerten. Weiterhin führt die Linie durch Kiefernbestand der Arenbergschen Forsten bei km 163, danach bei km 164 bis 166 durch Moor. Bis zur Ems werden dann hauptsächlich Wiesen, teils auch etwas Ackerland bei Rhede i. H. geschnitten. Der Mischwald bei km 168 steht auf sandigen Dünenbildungen. Durchschnittlich werden für Wiesen etwa 60 M, für Acker 40 M und für Heide- oder Waldparzellen etwa 25 M für 1 Ar anzusetzen sein. Die im Überschwemmungsgebiet der Ems liegenden Wiesen sind jedoch höher zu bewerten.

6. Die durchschnittenen Wasserläufe und ihre Abflußmengen.

Über die von der Kanallinie in den einzelnen Kanalhaltungen durchschnittenen Wasserläufe ist folgendes zu berichten:

Das ganze durchschnittene Gelände wird durch die natürlichen Höhenverhältnisse in 3 große Niederschlagsgebiete zerlegt, nämlich das Gebiet der holländischen Yssel, der Vechte und der Ems. Die teilenden Wasserscheiden für diese Gebiete werden etwa bei km 65,0 und 115,0 angetroffen. Zwischen km 5,0 und 65,0 gehören die Wasserläufe zum Gebiet der Yssel, von km 65,0 bis 115,0 zum Gebiet der Vechte. Die Abflußrichtung der hier gekreuzten Wasserläufe ist nordwestlich, entsprechend dem sich nach Holland zu abflachenden Gelände.

Die Yssel und Vechte fließen durch Holland in die Zuider-See.

Von km 115,0 bis zum Endpunkt des Kanales wird ein Teil des Niederschlaggebietes der Ems geschnitten. Die hier gekreuzten kleinen Wasserläufe dienen zum Teil der Entwässerung der Hochmoore. Die Abflußrichtung ist der Lage des Vorfluters, der Ems, entsprechend nordöstlich.

Nur ein kleiner Teil der Kanallinie von km 0,0 bis 5,0 durchschneidet ein zum Rhein gehörendes Gebiet.

Die Größe der Niederschlaggebiete ist aus den „Karten der Norddeutschen Stromgebiete" herausgegeben vom Ministerium für Landwirtschaft, Domänen und Forsten, Berlin 1893 ermittelt.

Für die Wasserführung sind entsprechend den Boden- und Höhenverhältnissen der Gebiete Werte angesetzt, die sich den beobachteten Abflüssen anpassen.

Von Süden nach Norden werden die einzelnen Niederschlaggebiete der Wasserläufe ebener. Der Boden geht von Lehm und sandigem Lehm mit tonigem Untergrund allmählich in feine sterile Sande über, welche zuletzt auf große Strecken von Moor überlagert sind.

Die Abflußmenge aus den einzelnen Gebieten wechselt dementsprechend und läßt sich in drei Gruppen folgendermaßen ansetzen.

Abfluß für 1 qkm für die geschnittenen Wasserläufe:

	bei N.N.W.	M.W.	H.W.	Im mittleren Jahresdurchschnitt
der I. Haltung	1,1	4,5	190	3,00 l/sk
der Scheitelhaltung	1,0	4,0	170	2,65 l/sk
der III. bis VI. Haltung	0,9	3,5	120	2,30 l/sk.

Die Anschlußstrecke des Kanales nach dem Rhein durchschneidet zwischen km 0,0 und 2,0 das Niederschlaggebiet des Rheins. Falls erforderlich, können gekreuzte Gräben in den Kanal eingeführt werden.

I. Haltung, km 2,0 bis 23,0.

1. Zwischen km 2,0 und 5,0 werden einige Gräben gekreuzt, durch die ein rd. 5 qkm großes Gebiet in den Kanal eingeführt werden kann.

    Etwa bei km 5,0 wird die Wasserscheide zwischen dem Rhein und der Yssel geschnitten.

2. Bei km 10,90: Kreuzung der Yssel mit 166 qkm Niederschlaggebiet und bei km 12,10: Kreuzung der kleinen Yssel mit 22 qkm.

    Der mittlere Wasserspiegel der Yssel und kleinen Yssel liegt an den Kreuzungsstellen tiefer wie der Kanalwasserspiegel + 21,50. Eine Anstauung des Flußwasserspiegels bis etwa + 21,50 zur Einführung des Wassers zur Kanalspeisung ist nicht möglich, weil die Niederungen an den beiden Flußläufen zur Entwässerung Vorflut behalten müssen. Demnach können die beiden Wasserläufe zur Speisung nicht benutzt werden, sondern sie sind mittels Düker unter dem Kanal durchzuleiten.

3. Bei km 12,7 bis 19,5: Kreuzung einiger Seitenzuflüsse der kleinen Yssel, welche mit rd. 16,0 qkm in den Kanal eingeführt werden können.

4. Bei km 20,0 und 20,5: Kreuzung des Pleistranges und der Bocholter Aa mit 340 qkm.

Die Wasserkraft der Bocholter Aa wird in Bocholt von 3 Mühlen ausgenutzt. Das Stauziel der dem Kanal zunächst liegenden Königs-Mühle liegt auf + 25,85 N. N. Das höchste Hochwasser an dieser Stelle liegt auf + 26,12 N. N. Die Königs-Mühle ist Eigentum des Fürsten zu Salm-Salm, die anderen beiden Mühlen sind in Privatbesitz.

Der Bocholter Aa wird kurz vor der Landesgrenze durch einen Mühlenbach Wasser entnommen, welches dieser dem Wassertriebwerk des Fürstlich Salm-Salmschen Schlosses in Anholt zuführt.

Die Besitzer der Wassertriebwerke werden für Wasserentziehung zu entschädigen sein.

Der Pleistrang ist nicht gestaut, sondern fließt unmittelbar in das Unterwasser der Königs-Mühle.

Von den beiden Wasserläufen lassen sich die zur Kanalspeisung erforderlichen Wassermengen nach den vorhandenen Höhenverhältnissen in den Kanal einführen.

Zur Abführung des überschüssigen Wassers ist eine Dükeranlage zu errichten. Das Hochwasser der Bocholter Aa ist bei der erfolgten Regulierung des Flusses bei Bocholt zu 65 cbm/sk ermittelt, d. i. für 1 qkm rd. 190 l.

Die Wasserführung des für Kanalspeisung verfügbaren Niederschlaggebietes von 361 qkm darf angesetzt werden zu:

bei N. W. zu 361 l/sk
„ M. W. „ 1 625 „
„ H. W. „ 68 590 „
im mittleren Jahresdurchschnitt „ 1 083 „

II. Scheitelhaltung, km 23,0 bis 71,0.

1. Zwischen km 29 und 34 wird das Niederschlaggebiet des Rheder-Baches durchschnitten, von welchen rd. 5 qkm durch den Kanal Vorflut finden.
2. Bei km 37,5: Kreuzung des Schlinge-Baches mit rd. 50,0 qkm Niederschlaggebiet.

    Der Wasserspiegel liegt ungefähr in Spiegelhöhe der Scheitelhaltung, + 40,0 N.N., so daß die Einführung des Baches leicht möglich ist. Die Hochwässer können durch ein Entlastungsbauwerk in dem Bachbett weitergeführt werden.
3. Bei km 46,9: Kreuzung der Berkel, welche hier rd. 270 qkm Niederschlaggebiet hat. Die Einführung und Entlastung ist ebenso günstig wie beim Schlinge-Bach.

    Oberhalb der Kreuzung lassen sich im Tal der Berkel bei den vorhandenen Höhenverhältnissen drei Staubecken mit einem Gesamtinhalt von rd. 2½ Millionen cbm für die Speisung der Scheitelhaltung anlegen. Der erforderliche Grunderwerb für diese Anlagen läßt sich ohne Erwerb von bebautem Gelände durchführen.

    Unterhalb der Kreuzungsstelle wird der Wasserlauf für die Landwirtschaft nicht genützt. In Vreden ist ein Wassertriebwerk, welches mit durchschnittlich 100 P. S. elektrische Energie erzeugt und im Besitz des Fürsten zu Salm-Salm ist. Zur Reserve ist eine vollständige Dampfmaschinenanlage vorhanden.

    Nach der Karte des Führers auf den deutschen Schiffahrtsstraßen ist die Berkel in Holland schiffbar.

4. Bei km 49,5: Kreuzung des Moorbaches,
bei km 52,2: Kreuzung des Ölbaches
mit zusammen 17 qkm Gebiet.

Beide Bäche lassen sich in bequemer Art einführen. Eine Entlastung bei Hochwasserführung wird bei dem kleinen Umfang des Gebietes nicht erforderlich werden.

Der Moorbach fließt unterhalb der Kanalkreuzung in den Ölbach. An diesem liegt rd. 1,5 km vor der Einmündung in die Berkel ein kleines Wassertriebwerk.

5. Bei km 56,3: Kreuzung des Flörbaches mit rd. 3,0 qkm, welche jetzt durch den Bach in die Aahauser Aa Vorflut finden.

Die Einführung des Baches ist möglich ohne Entlastung wie unter 4.

6. Bei km 61,0: Kreuzung der Ahauser Aa mit 112 qkm Niederschlaggebiet.

Der mittlere Wasserspiegel des Wasserlaufes liegt rd. 1,0 m unter der Spiegelhöhe 40,0 N.N. der Scheitelhaltung. Trotzdem kann die Einführung der Ahauser Aa ohne besondere Schwierigkeit möglich gemacht werden, wenn das Wiesengelände zu beiden Seiten der Aa, oberhalb der Kreuzungsstelle, die „Mähne", mit rd. 1,5 qkm Fläche durch die beim Kanalbau frei werdenden Bodenmassen aufgehöht wird.

Unterhalb der Kreuzungsstelle wird das Flußwasser in der Landwirtschaft nicht mehr nutzbar gemacht. An der Landesgrenze befindet sich die Haar-Mühle, welche rd. 30 P. S. Wasserkraft hat und im Besitz des Fürsten Salm-Salm ist.

Die Wasserscheide zwischen der holländischen Yssel und der Vechte wird etwa bei km 65,0 im Amts-Venn von der Kanallinie geschnitten.

7. Bei km 69,3: Kreuzung des Flörbaches mit rd. 11,0 qkm. Dieser Flörbach hat Vorflut in die Glauerbeck, welche auf kurzer Strecke die Landesgrenze zwischen Deutschland und Holland bildet und später in die Dinkel mündet.

Auch der Wasserspiegel des Flörbaches liegt tiefer wie der Spiegel der Scheitelhaltung. Mit den gleichen Maßnahmen wie unter 6. für ein rd. 1,0 qkm großes Gebiet östlich der Kanallinie kann der Bach ohne Dükeranlage eingeführt werden.

In der Scheitelhaltung sind also 468 qkm Niederschlaggebiet zur Kanalspeisung verfügbar zu machen. Der Gesamtabfluß ergibt sich dafür

bei N. W. zu   468 l/sk
„ M. W. „   1 872 „
„ H. W. „   79 560 „
im mittleren Jahresdurchschnitt „   1 240 „

III. Haltung, km 71,0 bis 94,0.

1. Bei km 73,0: Kreuzung der Dinkel mit 177 qkm Niederschlaggebiet.

Der Wasserspiegel des Flusses liegt rd. 3 m über dem Kanalwasserstand + 30,75 N. N. Demnach ist die Einführung des Dinkelwassers möglich. Die Abführung der Hochwässer muß durch einen Düker geschehen, weil die Höhenlage der Flußsohle eine Entlastung aus dem Kanal nicht zuläßt.

In Gronau i. W. wird das Flußwasser von der dortigen Textilindustrie in ausgedehntem Maße benutzt. Ferner befindet sich in der Stadt ein Wassertriebwerk. Da diese Wassernutzungen oberhalb der Kreuzung liegen, so können Entschädigungsansprüche für Wasserentziehung bei der Lage des

Kanales nordwestlich von Gronau nicht erhoben werden. Etwa 700 m unterhalb der Kreuzungsstelle tritt der Fluß in holländisches Gebiet ein.

2. Bei km 75,7: Kreuzung des Goorbaches mit 80 qkm Niederschlaggebiet.

Die Höhenverhältnisse für die Einführung und Abführung des Bachwassers sind die gleichen wie bei der Dinkel.

3. Zwischen km 77,0 und 82,0 werden kleinere Gräben gekreuzt, welche ein rd. 4,0 qkm Gebiet mit Vorflut zu der in Holland fließenden Dinkel entwässern.

Die Gräben werden in den Kanal eingeführt.

4. Bei km 89: Kreuzung des Rammelbaches mit 60 qkm Niederschlaggebiet.

Nach den Geländeverhältnissen läßt sich der südliche Teil des Gebietes mit rd. 35 qkm in den Kanal einführen. Für die restlichen 25 qkm ist Vorflut zu schaffen durch einen Düker oder durch Ableitung des Wassers im Seitengraben des Kanales, welcher natürliches Gefälle in die IV. Haltung erhält.

Der Gesamtabfluß aus dem 296 qkm großen Gebiet ergibt:

bei N. W. zu 296 l/sk
„ M. W. „ 1 036 „
„ H. W. „ 35 520 „
im mittleren Jahresdurchschnitt „ 680 „

IV. Haltung, km 94 bis 115.

1. Bei km 96,9: Kreuzung der Vechte mit einem Niederschlaggebiet von 664 qkm.

An der Kreuzungsstelle liegt der mittlere Wasserspiegel des Flusses rd. 1,5 m höher wie der Kanalwasserstand + 21,50 N. N. Demnach läßt sich für die Kanalspeisung Wasser der Vechte entnehmen. Das überschüssige Wasser muß durch Dükeranlagen abgeführt werden, weil die Einführung der Vechte in den Kanal mit Entlastungsanlagen wegen der Höhenlage des Flusses nicht möglich ist.

In Nordhorn liegen an der Vechte 2 Wassertriebwerke, welche in fiskalischem Besitz sind. Unterhalb Nordhorn ist die Vechte schiffbar. Die Fahrwassertiefe beträgt zwischen Nordhorn und der Landesgrenze auf rd. 55 km Länge bei M. W. 0,90 bis 1,25 m und bei mittlerem N. W. nur 0,25 m. Die Vechteschiffe haben etwa 15 bis 20 t Tragfähigkeit bei 15 m Länge und 3 m Breite. Die Schiffahrt wird unterbrochen zur Bewässerung von Wiesen mittels Stauwerk bei Frenswegen vom 20. April bis 14. Mai und vom 30. Oktober bis 7. November. Durch Hochwasser und Eis ist die Schiffahrt etwa vom 20. Dezember bis 15. Februar gesperrt.

Falls der Vechte größere Wassermengen für die Speisung des Rhein-Nordsee-Kanales entzogen werden, wodurch die Vechteschiffahrt auf der deutschen Flußstrecke zu leiden hätte, so kann der entstehenden Spiegelsenkung durch in den Flußlauf eingebaute Wehre und Schleusen entgegengewirkt werden, wenn hierfür ein Bedürfnis auftreten sollte.

Westlich der Kanallinie, oberhalb Nordhorn steht die Vechte durch einen Kanal mit Schleuse einerseits in Verbindung mit dem Ems-Vechte-Kanal, andererseits mit dem Almelo-Nordhorn-Kanal, welcher den Verkehr mit Holland ermöglicht. Die Stemmtore der Schleuse halten das Vechtewasser von dem Ems-Vechte-Kanal ab.

2. Bei km 99 2: Kreuzung des Ems-Vechte-Kanales. Das Niederschlaggebiet an der Südseite dieses Kanales beträgt rd. 40 qkm. Dieses wird für den Rhein-Nordsee-Kanal nicht in Ansatz gebracht.

Der Ems-Vechte-Kanal wird in Spiegelhöhe + 21,50 N. N. gekreuzt, so daß der Übergang der Schiffahrt zum Dortmund-Ems-Kanal und zu den linksemsischen Moorkanälen ermöglicht ist.

3. Bei km 101,5: Kreuzung des Leebaches,
bei km 109,0: Kreuzung des Lohnerbaches
mit zusammen 48 qkm Niederschlaggebiet.

Die Einführung des abfließenden Wassers aus diesem Gebiet ist ohne Schwierigkeit möglich. Eine Entlastung bei Hochwasserführung der beiden Bäche läßt sich erübrigen, da für die Speisung der IV. Haltung der größte Abfluß jederzeit verwendet werden kann.

4. Bei km 110,2: Kreuzung des Wietmarscher Baches mit 23,0 qkm.

Die Einführung und Entlastung dieses Niederschlaggebietes gestaltet sich wie unter 3. beschrieben.

Es können also für die Speisung der Haltung IV 735 qkm Niederschlaggebiet herangezogen werden, welche ergeben einen Gesamtabfluß

bei N. W. zu 735 l/sk
„ M. W. „ 2 573 „
„ H. W. „ 88 200 „
im mittleren Jahresdurchschnitt „ 1 690 „

V. Haltung, km 115,0 bis 138,0.

Mit dieser Haltung kommt der Kanal in die Moorgebiete, in welchen größere Wasserläufe nicht gekreuzt werden. Die Wasserscheide zwischen der Vechte und der Ems liegt etwa bei km 115,0. Das durchschnittene Gelände gehört zum Niederschlaggebiet der Ems. Es entwässert von Süden nach Norden durch den Dalumer Bach, Hakengraben, Tüllener Bach, Goldbach, Weerbach und Mühlenbach zur Ems. Von dem ganzen Gebiet kann der westlich der Kanallinie liegende Teil, bis auf einen schmalen Streifen längs des Süd-Nord-Kanales, durch die V. Haltung Vorflut finden. Es kommen 55 qkm Niederschlaggebiet in Betracht, dessen Abfluß ergibt:

bei N. W. zu 55 l/sk
„ M. W. „ 193 „
„ H. W. „ 660 „
im mittleren Jahresdurchschnitt „ 127 „

VI. Haltung, km 138,0 bis 154,0.

1. Bei km 138,2: Kreuzung des Mühlenbaches mit rd. 18 qkm.

Der Mühlenbach hat Vorflut in die Ems und ist unter den Haaren-Rütenbrocker-Kanal gedükert. Die Einführung des Baches ist möglich. Entlastungsanlagen für Hochwasserabführung können bei dem kleinen Umfange des Gebietes entbehrt werden.

2. Bei km 144,0: Kreuzung des Haaren-Rütenbrocker-Kanales (ohne Niederschlaggebiet).

Die Kreuzung erfolgt in Spiegelhöhe + 10,50 N. N., wodurch der Anschluß der Schiffahrt an den Dortmund-Ems-Kanal und die holländischen Wasserstraßen ermöglicht ist.

3. Zwischen km 145 und 154 werden Moorgebiete durchschnitten, deren Vorflut durch kleinere Gräben nach der Ems geht. Das westlich der Kanallinie liegende Gebiet kann mit rd. 22 qkm in den Kanal eingeführt werden.

Der Gesamtabfluß des 40 qkm großen Gebietes ergibt

bei N. W. zu 40 l/sk
„ M. W. „ 140 „
„ H. W. „ 480 „
im mittleren Jahresdurchschnitt „ 92 „

Die Anschlußkanalstrecke zur Ems, km 154,0 bis 170,7.

Das hier durchschnittene Gebiet entwässert durch kleine Gräben in den Flußlauf der Ems. Der vom Kanal westlich liegende Teil des Gebietes findet durch den Kanal Vorflut nach der Ems.

7. Schleusen und Brücken.

Um die so wichtige Frage der Speisung erörtern zu können, ist es erforderlich, sich über die Abmessungen der Schleusen ein Bild zu machen.

Um einen flotten Durchgangsverkehr zu ermöglichen, wird man mit Schleppzugschleusen rechnen müssen. Es ist ein Schleppzug von 3 Rheinkähnen mit dem zugehörigen Schlepper zugrunde gelegt. Dabei ergeben sich für Schleusen folgende Abmessungen:

1 normaler Kahn ist bis 100 m lang, 12 m breit und hat bis 2,85 m Tiefgang bei 2500 t Tragfähigkeit. Für einen Schlepper auf dem ruhigen Kanal genügen etwa 50 m Länge, 8 bis 9 m Breite, 2,5 m Tiefgang.

Wenn in der Schleuse 2 Kähne nebeneinander liegen, so ergibt sich für die Schleusenkammer eine Breite von rd. 27 m und eine Länge zwischen den Torhäuptern von rd. 210 m. In den Toren wird die Breite mit rd. 15 m anzusetzen sein, um die Ein- und Ausfahrt bequem zu gestalten. Die gesamte Länge des Bauwerks einer Schleuse wird dabei also rd. 230 bis 240 m betragen.

Die Drempeltiefe ist zu 5,00 m angenommen. Bei diesen Abmessungen ergibt sich die Spiegelfläche in den Schleusen zu rd. 5900 qm und die für eine Schleusenfüllung erforderliche Wassermenge:

bei 9,25 m Spiegelgefälle zu rd. 54 500 cbm,
„ 5,50 m „ „ rd. 32 450 cbm.

Für die Berechnung der zur Speisung erforderlichen Wassermenge im Betriebe ist von diesen Ziffern der Tauchinhalt des Schleppzuges abzusetzen.

Die erforderliche Zahl der Schleusen geht aus den Darlegungen unter 3 und 4, S. 9 u. f., hervor. Es ergaben sich dort 6 Haltungen, wofür zu erbauen sind: 2 Endschleusen und 5 Mittelschleusen, von denen eine, die bei Bocholt, als Doppelschleuse angenommen ist. Zwei Mittelschleusen erhalten rd. 5,50 m Spiegelgefälle, die anderen rd. 9,25 m, die Endschleuse an der Ems rd. 9,25 m und die am Rhein bei Mittelwasser rd. 5,50 m.

Neben den Schleusen ist für die Anordnung des Kanals die Durchfahrtshöhe unter den Brücken von besonderer Bedeutung, weil sie für die Anordnung der Kreuzung von Wegen und Eisenbahnen maßgebend ist. Bei einem Großschiffahrtswege wird es erforderlich sein, alle Wege- und Eisenbahnkreuzungen mit festen Brücken in solcher Weite auszuführen, daß das Kanalprofil uneingeschränkt durchzuführen ist. Es kann etwa eine solche Anordnung getroffen werden, daß eine Mittelöffnung von rd. 45 m Spannweite mit 2 beiderseitigen Durchlässen für die Leinpfade von 5 m Weite ausgeführt werden. Die lichte Höhe über dem Wasserspiegel muß den vorhandenen Rheinbrücken angepaßt werden, was rd. 9,00 m erfordern wird. Obwohl dieses Maß sehr groß ist, so lassen sich doch bei der vorgeschlagenen Linienführung alle Eisenbahnen und Landstraßen ohne wesentliche Erschwerung in der geforderten Höhe über den Kanal führen, und es ergeben sich auch für die Anrampungen der Brücken in anderen Wegen keine ungünstigen Verhältnisse.

Im ganzen werden nach dem heutigen Stande des Verkehrsnetzes 11 Eisenbahnbrücken, 31 Brücken für Landstraßen und Chausseen und etwa 80 bis 85 Brücken in untergeordneten Wegen erforderlich sein, so daß bei rd. 170 km Gesamtlänge des Kanals auf je rd. $2^1/_4$ km im Mittel eine Brücke kommt. Diese Anzahl erscheint im Vergleich mit anderen Kanälen gering, erklärt sich aber hinreichend aus den weiten Strecken des Landes, die außergewöhnlich geringen Verkehr haben.

8. Die Speisung des Kanals.

Eine der allerwichtigsten Fragen für die Durchführung des Betriebes auf Kanälen ist die der Speisung. Unter 6, S. 21, sind die Abflußverhältnisse des durchzogenen Gebietes näher untersucht, und es läßt sich aus den dort mitgeteilten Angaben bald ersehen, daß für eine natürliche Speisung des Kanals die Verhältnisse keineswegs günstig liegen. Um so mehr bedarf die Frage der Speisung einer besonderen eingehenden Erörterung.

Bei der Frage der Wasserentnahme aus den Wasserläufen ist zu berücksichtigen, daß die Kanallinie durchweg sehr nahe an der Landesgrenze verläuft, und daß daher eine Wasserentziehung deutsche landwirtschaftliche Betriebe meist nicht mehr schädigen kann. Indes ist bei Ermittelung der verfügbaren Mengen von der Voraussetzung ausgegangen, daß das

Niedrigwasser, das etwa 0,9 bis 1,1 l/qkm beträgt, den Wasserläufen erhalten bleiben soll, während das $3^1/_2$ bis $4^1/_2$ l/qkm betragende Mittelwasser und die darüber hinausgehenden Zuflüsse nach Abzug des Niedrigwassers in der Regel für die Speisung des Kanals verfügbar sind.

Der Bedarf für die Speisung ermittelt sich unter Würdigung des Umstandes, daß die Lage des Kanals im Gelände und gegen den Grundwasserstand sowie die Beschaffenheit des Untergrundes die Verluste durch Versickerung und Verdunstung zweifellos außergewöhnlich gering halten werden in folgender Weise.

Für Verdunstung und Versickerung darf man unter den gegebenen Verhältnissen mit einem Verlust von 15 mm Wasserhöhe für den Tag rechnen. Dieser Verlust wechselt selbstverständlich mit der Witterung. Soweit er von der Versickerung herrührt, wird er in günstigem Sinne dadurch beeinflußt, daß der Spiegel in der Scheitelhaltung durchweg tief unter Geländeoberkante und in den übrigen Haltungen fast überall unter dem Grundwasserstande liegt. Der letztere Umstand wird auch die Verluste durch Versickerung sehr einschränken. In der Scheitelhaltung kommt hinzu, daß die Sohle auf weite Strecken in Tonlager oder in festem Gebirge liegen wird. Der nördliche Teil des ganzen Kanales liegt im Bourtanger Moor so tief, daß auch hier Versickerung und Verdunstung nach den Erfahrungen an holländischen Kanälen in mäßigen Grenzen bleiben werden. Unter diesen Umständen ist die Annahme von 15 mm Wasserhöhe für den Tag ein Maß, welches nur in trockner Zeit bei warmer Witterung erwartet werden kann. Es wird sich im Mittel des Jahres wesentlich geringer stellen. Bei einer Spiegelbreite von 56 m ergibt sich daher der Verlust für 1 km Länge des Kanals zu rd. 10 l/sk.

Eine zweite Verlustquelle sind unvermeidliche Undichtigkeiten an den Bauwerken, namentlich in den Schleusen. Hierfür sind 5 l/sk für je 1 m Schleusengefälle angesetzt.

Der weitaus größte Bedarf ergibt sich aber aus dem Schiffsverkehr. Hierfür sind folgende Erwägungen maßgebend.

Der Rheinverkehr betrug im Jahre 1909 bei Emmerich:

$$\begin{aligned}\text{zu Berg} &\quad 14{,}88 \text{ Mill. t}\\ \text{zu Tal} &\quad9{,}98 \text{ ,, ,,}\\ \text{zusammen} &\quad 24{,}86 \text{ Mill. t.}\end{aligned}$$

Es ist angenommen, daß hiervon rd. 7 Mill. t auf den Kanal übergehen, und daß dieser Verkehr in Schleppzügen bewältigt wird, die normal aus 1 Schlepper und 3 Schleppkähnen zusammengesetzt sind. Die heutigen Schleppkähne der Rheinschiffahrt haben im Mittel 1700 bis 2000 t Tragfähigkeit. Die normale Tragfähigkeit der auf den Kanal übergehenden Schleppkähne wird daher etwa 2000 t betragen und ein Schleppzug wird also eine Ladefähigkeit von 6000 t haben. Nach den Erfahrungen des Rheinverkehrs ist anzunehmen, daß der Laderaum der Schleppkähne im Durchschnitt des Jahres und im Mittel des Berg- und Talverkehrs zu $^2/_3$ ausgenutzt wird, so daß sich in Wirklichkeit die mittlere Ausnutzung eines Schleppzuges auf 4000 t vermindert. Bei einem Verkehr von 7 Mill. t im Jahre kann man rechnen, daß, wie auf dem Rhein, der größere Teil zu Berg, der kleinere Teil zu Tal geht. Legt man das Verhältnis des Rheinverkehrs zugrunde, so ergibt sich für den Verkehr zu Berg allein 4,2 Mill. t. Um diesen zu bewältigen, müssen 1050 Schleppzüge verkehren, also bei Annahme von 300 Betriebstagen im Jahre im Mittel täglich $3^1/_2$ Schleppzüge. Obwohl der Verkehr zu Tal geringer ist, muß selbstverständlich die gleiche Zahl von Schleppzügen auch zu Tal verkehren. Für die Berechnung des Wasserbedarfes muß jedoch berücksichtigt werden, daß, namentlich für den Anfang, der Betrieb sich keineswegs so regelmäßig vollziehen wird; es werden keineswegs ausschließlich Schleppzüge der angegebenen Art verkehren und es wird nicht bei jeder Schleusung ein normaler Schleppzug den anderen kreuzen. In Rücksicht auf die dadurch bedingte Unregelmäßigkeit des Betriebes soll für die Ermittelung des Wasserbedarfes die Zahl der erforderlichen täglichen Schleusungen von $3^1/_2$ auf 5 erhöht werden.

Es kommt weiter in Betracht, daß der mittlere Tiefgang der Schiffsgefäße bei unvollkommener Ausnutzung der Ladefähigkeit kein normaler ist. Ein Kahn von 2000 t Tragfähigkeit hat im Mittel 93 m Länge, 12 m Breite und 2,65 m Tiefgang. Leer beträgt der Tiefgang dieses Kahnes 0,80 bis 0,85 m. Da nun die Tragfähigkeit des Kahnes nach den angegebenen Annahmen im Mittel nur zu $^2/_3$ ausgenutzt wird, so wird der mittlere Tiefgang nicht 2,65, sondern
$$(2{,}65 - 0{,}85) \cdot {}^2/_3 + 0{,}85 = 2{,}05 \text{ m}$$
betragen. Demnach ist die Wasserverdrängung eines Schleppzuges von 3 normalen Schleppkähnen im Mittel mit $3 \cdot (12 \cdot 93 \cdot 2{,}05) = 6900$ cbm anzusetzen. Berechnet man hierzu für den Schlepper noch eine Wasserverdrängung von rd. 600 cbm, so ist die ganze Wasserverdrängung des Schleppzuges mit im Mittel 7500 cbm anzusetzen.

Bei einer Schleusenlänge zwischen den Häuptern von 210 m und einer lichten Breite von 27 m ergibt sich eine Spiegelfläche der Schleusen einschließlich der Häupter von rd. 5900 qm. Für die Schleusen ist ein Spiegelgefälle von teils rd. 5,50, teils rd. 9,25 m angesetzt. Demnach ist der Wasserinhalt einer Schleuse zwischen dem Unterwasser- und dem Oberwasserspiegel gemessen im ersteren Falle rd. 32 450 cbm, im zweiten Falle rd. 54 575 cbm. Setzt man hiervon die Wasserverdrängung des Schleppzuges ab und berücksichtigt, daß durch Einrichtung von Sparbecken der Wasserverlust auf etwa $1/4$ eingeschränkt werden kann, so ergibt sich ein Wasserbedarf bei einer Schleusung in Schleusen mit 5,5 m Gefälle von rd. 6240 cbm, bei Schleusen mit 9,25 m Gefälle von rd. 11 770 cbm.

Betrachtet man zunächst den Bedarf der Scheitelhaltung, so ergeben sich dafür folgende Bedingungen.

Die gekreuzten Wasserläufe ergeben einen Zufluß der bei N. W. (1 l/sk für 1 qkm) von 468 l/sk. In der Berkel und in der Ahäuser Aa soll der volle Zufluß verbleiben, der bei diesen zusammen 380 l/sk beträgt. Die übrigen kleinen Wasserläufe können unbedenklich aufgenommen werden. Demnach verbleibt nur ein Zufluß in trockenster Zeit von etwa 88 l/sk. Im Mittel des Jahres darf der Zufluß mit 2,65 l/sk für 1 qkm angesetzt werden, so daß der ganze Zufluß 1240 l/sk beträgt. Verbleiben in der Berkel und in der Aa wiederum rd. 380 l/sk, so ergibt sich für das Jahresmittel ein Zufluß von 860 l/sk. Demgegenüber berechnet sich der Verbrauch wie folgt:

a) Verlust aus Verdunstung und Versickerung bei 48 km
   Länge je 10 l/sk . . . . 480 l/sk
b) Schleuse II:
   1. Verlust durch Undichtigkeiten $18{,}5 \cdot 5 =$ rd.   93 l/sk
   2. Bedarf für den Schiffsverkehr bei 5 täglichen
      Schleusungen $\dfrac{11\,770 \cdot 5 \cdot 1000}{24 \cdot 60 \cdot 60} =$ rd. . . . . 680 l/sk
                                              zusammen: 773 l/sk
c) Schleuse III:
   1. wie oben $9{,}25 \cdot 5 =$ rd. . . . . 47 l/sk
   2. wie oben . . . . 680 l/sk
                                              zusammen: 727 l/sk
                   Gesamtbedarf der Scheitelhaltung: 1980 l/sk

Demnach bleiben ungedeckt:
    bei N. W. $1980 - 88 =$ rd. 1890 l/sk
    im Jahresmittel $1980 - 860 =$ 1120 l/sk.

Dieser Bedarf kann nicht anders gedeckt werden als durch Pumpbetrieb, der das Wasser vom Rheine her zuführt. Die unter Nr. 6 bei II, 3 erwähnten Staubecken würden nicht ausreichen. Ob sie bauwürdig sind, wird der näheren Prüfung bedürfen.

In den nach Norden anschließenden Haltungen läßt sich der Verlust, welcher durch Verdunstung und Versickerung entsteht, überall durch die Zuflüsse decken. Da die Schleusen nirgends ein größeres Spiegelgefälle aufweisen, als es die Endschleuse der Scheitelhaltung hat, vielmehr meist kleinere Gefälle, so wird der Bedarf für den Schiffsverkehr auch in den weiteren Haltungen gedeckt sein, wenn die Scheitelhaltung ausreichend versorgt wird, weil das aus der Endschleuse der Scheitelhaltung zu Tal gehende Speisewasser den folgenden Schleusen zufließt. Das gleiche gilt für das Verlustwasser an den Bauwerken. Es ergeben sich für diese Haltungen folgende Zahlen:

In der dritten Haltung, welche zunächst an die Scheitelhaltung anschließt, beträgt der Wasserzufluß bei N. W. 296 l/sk. Dagegen beträgt der Bedarf für Versickerung und Verdunstung bei 23 km Länge 230 l/sk. Demnach verbleiben bei N. W. 66 l/sk in den Flüssen. Hier ist ein weiterer Bedarf für die Flüsse nicht vorhanden, weil die einzigen größeren Wasserläufe, die Dinkel und der Goorbach, unmittelbar nach Kreuzung des Kanalfeldes über die holländische Grenze gehen.

In der vierten Haltung beträgt der Verlust durch Verdunstung und Versickerung bei 21 km Länge der Haltung bis zu 210 l/sk. Die verfügbare Niedrigwassermenge der gekreuzten Wasserläufe beträgt 735 l/sk, so daß sich ein Überschuß von mindestens $735 - 210 = 525$ l/sk ergibt. Dieser wird der Vechte zu belassen sein, welche bei der Kreuzungsstelle 664 qkm Niederschlaggebiet hat.

In der fünften Haltung berechnet sich nach den früheren Annahmen bei 23 km Länge der Verlust durch Verdunstung und Versickerung zu 230 l/sk und für die gekreuzten Wasserläufe in dieser Haltung das N. W. zu 55 l/sk, so daß rechnungsmäßig fehlen: $230 - 55 = 175$ l/sk. Nun werden in dieser Haltung auf der ganzen Länge Moorgebiete tief durchschnitten. Daraus darf mit Sicherheit gefolgert werden, daß der für Verdunstung und Versickerung angesetzte Betrag von 230 l/sk nicht erreicht wird.

In der sechsten Haltung werden für Verdunstung und Versickerung auf 16 km Länge wie oben 160 l/sk berechnet. Der Schleusenverlust ist nicht ständig gleichmäßig, da das Unterwasser mit der Ems in offener Verbindung steht. Die Höhe des Unterwasserstandes ist also abhängig von den wechselnden Flußwasserständen der Ems. Als mittleres Spiegelgefälle ist rd. 9 m zu rechnen, so daß der Verlust in der Schleuse durch das von der Scheitelhaltung zu Tal gehende Betriebswasser gedeckt ist. Die bei N. W. verfügbare Wassermenge berechnet sich wie oben zu 40 l/sk Hier gilt aber bezüglich der Wasserzuflüsse das gleiche wie bei der fünften Haltung. Auch würde sich für Heranziehung größerer Wasserzuflüsse die Höhenlage dieser Haltung etwas senken lassen, wenn dies bei näherer Untersuchung ratsam erscheinen sollte. Daher darf der rechnungsmäßig sich ergebende Fehlbetrag unberücksichtigt bleiben.

Es erübrigt nun noch, die Verhältnisse der ersten Haltung zu untersuchen.

In der ersten Haltung sind erforderlich bei 21 km Länge für Verdunstung und Versickerung 210 l/sk. Der Schleusenverlust ist abhängig von der Spiegeldifferenz in der Schleuse I, welche von den wechselnden Wasserständen des Rheins beeinflußt wird. Im Mittel kann 5,5 m Schleusengefälle gerechnet werden.

Danach beträgt:

der Verlust durch Verdunstung und Versickerung bei 21 km
  Länge je 10 l/sk . . . . 210 l/sk
der Verlust durch Undichtigkeiten $5,5 \cdot 5 =$ rd. . . . . . 28 l/sk
der Schleusenwasserbedarf bei täglich 5 Schleusungen:
$$\frac{6240 \cdot 5 \cdot 1000}{24 \cdot 60 \cdot 60} = 360 \text{ l/sk}$$
Gesamtbedarf: 598 l/sk

Es sind bei N. W. verfügbar 361 l/sk, wovon aber 340 l/sk an die Bocholter Aa abzugeben sind entsprechend der Abflußmenge von 1 l/sk für 1 qkm für 340 qkm. Es verbleiben also:

$$361 - 340 = 21 \text{ l/sk}.$$

Als Fehlbetrag bei N. W. ergibt sich:

$$598 - 21 = 577 \text{ l/sk}.$$

Im Jahresmittel betragen die Zuflüsse 1083 l/sk. Diese Menge übersteigt den Wasserbedarf ganz erheblich, so daß also nur bei trockner Jahreszeit eine Wasserzuführung erforderlich wird. Diese kann, wie schon gesagt, nur vom Rhein her erfolgen.

Der Pumpbetrieb.

Die Anordnung der zur Speisung des Kanales mittels Wasserförderung vom Rhein her zu errichtenden Pumpstationen ist folgendermaßen zu denken:

Es werden zweckmäßig 2 Pumpstationen angeordnet, die eine bei Bocholt, welche das erforderliche Wasser in die Scheitelhaltung fördert, die andere bei Wesel, welche Rheinwasser in die erste Haltung fördert.

Für die beiden Pumpstationen ergeben sich die folgenden Verhältnisse unter Annahme des Antriebes durch elektrische Energie:

I. Bei N. W.

A. Pumpstation Bocholt.

Der ganze Fehlbetrag war 1890 l/sk (siehe S. 31). Bei 22 Betriebsstunden also:

Fördermenge: $\dfrac{1890 \cdot 24}{22} = 2060$ l/sk.

Förderhöhe einschl. Druckverlust rd. 20 m

(2 Rohre je 1,10 m Durchmesser, Geschwindigkeit 1,1 m/sk, Länge 800 m).

Maschinenkraft: $\dfrac{2060 \cdot 20}{75 \cdot 0,6} = 915$ P. S.

(Wirkungsgrad der Pumpe 0,7, des Motors 0,85, Gesamtwirkungsgrad 0,6).

B. Pumpstation Wesel.

Es sind zu fördern:

1. Der Fehlbetrag für die erste Haltung (siehe S. 33) ist   577 l/sk
2. Für die Scheitelhaltung:
   a) Verlust durch Verdunstung und Versickerung . . . . 480 l/sk
   b) Bedarf der Schleuse III (siehe S. 31) . 727 l/sk
                                                 zusammen 1207 l/sk

abzüglich: verfügbare Zuflüsse (468 — 380) =   88 l/sk

bleibt zu fördern =   rd. 1119 l/sk

Bemerkung: Der Schleusenbedarf der Schleuse II und der Verlust darin werden durch die Pumpstation Bocholt in die Scheitelhaltung zurückbefördert, brauchen also nicht vom Rhein herangeführt zu werden.

                                                Gesamtfördermenge: 1696 l/sk

Bei 22 Betriebsstunden also:

$$\dfrac{1696 \cdot 24}{22} = 1850 \text{ l/sk}.$$

Mittlere Förderhöhe einschl. Druckverlust 6,0 m

(2 Rohre je 1,10 m Durchmesser, Geschwindigkeit 1,0 m/sk, Länge 300 m)

Maschinenkraft: $\dfrac{1850 \cdot 6}{75 \cdot 0,6} = 247$ P. S.

Der gesamte Kraftbedarf in den beiden Pumpstationen beträgt also bei N. W.:

$$915 + 247 = 1162 \text{ P. S. oder rd. } 1200 \text{ P. S.}$$

II. Im Jahresdurchschnitt.

A. Pumpstation Bocholt.

Der Fehlbetrag ist 1120 l/sk (siehe S. 31), das gibt bei 22 Betriebsstunden eine Fördermenge von:

$$\dfrac{1120 \cdot 24}{22} = 1200 \text{ l/sk}.$$

Förderhöhe einschl. Druckverlust: 20 m.

Maschinenkraft: $\dfrac{1200 \cdot 20}{75 \cdot 0,6} = 535$ P. S.

B. Pumpstation Wesel.

Von dem für die Scheitelhaltung errechneten Fehlbetrage von 1120 l/sk gelangen durch den Schleusenbedarf der Schleuse II 773 l/sk zurück. Demnach fehlen also

$$1120 - 773 = 347 \text{ l/sk}$$

Nun ist aus den verfügbaren Zuflüssen der ersten Haltung nach Deckung des Bedarfes für diese Haltung, einschl. der Niedrigwassermenge für die Bocholter Aa mit 340 l/sk, ein Überschuß vorhanden von

$$1083 - (28 + 360 + 340) = 360 \text{ l/sk},$$

womit die fehlenden 347 l/sk voll gedeckt werden können. Demnach wird bei mittlerem Jahreszufluß eine Förderung vom Rhein her durch die Pumpstation Wesel nicht erforderlich sein.

Der mittlere jährliche dauernde Kraftbedarf, der oben zu 535 P. S. berechnet wurde, soll bei Ermittlung der Betriebskosten für den Pumpbetrieb auf 600 P. S. abgerundet werden, um unvermeidlichen Unregelmäßigkeiten Rechnung zu tragen.

Als Gesamtergebnis der vorstehenden Untersuchungen ist also zu verzeichnen, daß eine natürliche Speisung eines Rhein-Nordsee-Kanals nicht zu beschaffen ist. Vielmehr müssen wahrscheinlich (siehe S. 31) zwei Pumpwerke mit zusammen rd. 1200 P. S. Maschinenkraft angelegt werden, um teils Wasser vom Rhein in die erste Haltung, teils Wasser von der ersten Haltung in die zweite, die Scheitelhaltung zu fördern. Im Jahresmittel ist eine Maschinenkraft von rd. 600 P. S. in Betrieb zu halten. Ein Teil des Wassers, das dem Rheine entnommen wird, fließt dauernd nach der Ems ab. Diese Wassermenge beträgt bei einem Verkehr von 7 Mill. t im Jahresmittel rd. 350 l/sk, eine Menge, deren Entziehung an sich für den Rhein ganz ohne Belang ist.

Für die Betriebskosten des Wasserweges spielt die Notwendigkeit dauernder künstlicher Speisung selbstredend eine erhebliche Rolle.

9. Die Baukosten und die Wirtschaftlichkeit.

Nachdem die Bedingungen für den Ausbau eines Rhein-Nordsee-Kanals in allen wesentlichen Grundzügen klargestellt sind, ist es auch möglich, sich von den Baukosten ein ungefähres Bild zu machen und der Frage der Wirtschaftlichkeit näherzutreten.

Die Baukosten lassen sich wie folgt schätzen:
1. An Grunderwerb für den Kanal, die Schleusen, Häfen, Brückenrampen, Parallelwege, Bach-

und Wegeverlegungen und Ablagerungsplätze werden erforderlich:
rd. 2650 ha, für welche ein mittlerer Preis von 3750 M reichlich bemessen erscheint, so daß die Kosten betragen . . . . rd. 10 Mill. M

2. Die Bodenbewegung einschl. der bei Schleusen, Brücken, Häfen usf. erforderlichen Erweiterungen und den Rampen usf. berechnet sich zu rd. 85 Mill. cbm, wofür an Kosten einzusetzen sind . . . . rd. 135 ,, ,,

3. Für die 7 Schleusen (1 Doppelschleuse) mit Sparbecken eingerichtet einschl. der gesamten Ausrüstung sind auszuwerfen . . . . rd. 50 ,, ,,

4. Die maschinellen Anlagen zu den beiden Pumpwerken zur Kanalspeisung bei Bocholt und Wesel sowie für die elektrische Beleuchtung der Kanalstrecke werden erfordern . . . . rd. 9 ,, ,,

5. An Kosten der Planbearbeitung, Abfindung von Gerechtsamen, Entschädigungen, Bauleitung und sonstigen Kosten sind anzusetzen rd. 18 ,, ,,

6. Für Bauzinsen werden aufzuwenden sein . rd. 13 ,, ,,

so daß die Gesamtkosten zu schätzen sind auf 235 Mill. M

Bei rd. 171 km Gesamtlänge des Kanals gibt dies für 1 km rd. 1 370 000 M oder für 1 cbm Bodenbewegung 2765 M.

Zum Vergleich seien folgende Baukosten anderer Kanäle nach Contag (Technisches Magazin 1910, vom 27. Mai, S. 214) mitgeteilt:

	Sohlenbreite m	Tiefe m	Länge km	Gesamtkosten in Millionen M	Gesamtkosten für 1 km in Millionen M	Gesamtbodenaushub in Millionen M	Gesamtkosten des Kanals aus 1 cbm Bodenaushub M
1. Suez-Kanal . . .	22,0	7,93	160,00	380,0	2,40	120,0	3,2
2. Oder-Spree-Kanal .	16,0	2,50	56,00	12,6	0,20	6,0	2,1
3. Manchester-Kanal	36,6 51,8	7,93	57,10	300,0	5,30	40,5	7,6
4. Kaiser-Wilhem-Kanal	22,0	9,00	98,65	156,0	1,60	82,0	1,9
5. Chicago-Drainage-Kanal	48,7 61,5	7,47	45,00	115,0	2,50	30,2	3,5
6. Dortmund-Ems-Kanal	18,0	2,50	201,00	80,0	0,40	24,0	3,1
7. Elbe-Trave-Kanal	22,0	2,50	67,00	23,5	0,35	10,8	2,2
8. Teltow-Kanal . .	20,0	2,50	40,50	40,0	1,00	12,6	3,2

Berücksichtigt man die außergewöhnlich günstigen Verhältnisse für den Ausbau des Rhein-Nordsee-Kanals, so darf man die Kostenschätzung wohl als angemessen ansehen.

Wir kommen nun zu der schwierigen Frage, ob und bzw. wieweit der für den Betrieb des Rhein-Nordsee-Kanals zu erwartende Verkehr eine Verzinsung des Baukapitals erreichen läßt.

Die allgemeinen Vorteile, die der geplante Kanal vor dem Rhein voraus hat, sind:

> die stets gleiche Wassertiefe von 4,5 m, die die Fahrwassertiefe des Rheins wesentlich übertrifft und auch den vom Rhein zur See gehenden Dampfern den Durchgang gestattet;
>
> die von Schleppdampfern — oder durch andere mechanische Vorrichtungen — aufzuwendende Zugkraft ist in dem Kanal mit seinem ruhigen Wasserspiegel, insbesondere gegenüber den stromaufwärts zu schleppenden Rheinschiffen kaum auf die Hälfte der Rheinschlepper zu schätzen;
>
> die störende Wirkung der starken Oberflächenbewegung, die besonders bei hohem Wasserstande die Schiffsbewegung auf dem Rhein gefährdet, fällt fort.

Demgegenüber kommt in Betracht, daß die Schiffe des Kanals 7 Schleusen zu passieren haben, während der Rhein schleusenlos bis an die holländischen Seehäfen gelangt. Die preußische Wasserbauverwaltung gibt für die neue Treppenschleuse bei Henrichenburg bei 14 m Hubhöhe die Zeit der Hebung auf 12 Minuten an. Es wird berechtigt sein, für das Durchschleusen eines Schleppzuges in den Schleusen des Rhein-Nordsee-Kanals im Mittel einen Zeitaufwand von $^3/_4$ Stunden anzusetzen, d. i. für alle Schleusen rd. 6 Stunden. Für den ganzen Wasserweg von Emden bis nach Wesel mit rd. 220 km Länge ergibt dies eine Verzögerung der Fahrgeschwindigkeit von durchschnittlich weniger als 1 Minute für jeden Kilometer, eine Zahl, die nicht ins Gewicht fällt. — Andererseits dürfen aber auch folgende erhebliche Umstände nicht außer acht gelassen werden:

Die Gesamtlänge von Wesel bis Emden beträgt 220 km, wobei die von der Regierung bereits in Angriff genommene Begradigung der unteren Ems in Betracht gezogen ist. — Von Wesel bis Rotterdam beträgt die Länge (nach dem Führer auf den deutschen Schiffahrtsstraßen) rd. 180 km. Von Emden bis in See bei Borkum sind noch 50 km, von Rotterdam bis in See — bei Hoek van Holland — noch 33 km zu durchfahren. Demnach beträgt von Wesel durch Holland der Wasserweg bis in See 230 km, während er über den Rhein-Nordsee-Kanal 270 km beträgt, d. i. 40 km mehr. Dieser Unterschied wird für die nach Osten segelnden und von dort kommenden Schiffe reichlich durch die erhebliche Verkürzung der Fahrt in der Nordsee aufgewogen, die für diese Schiffe rd. 300 km beträgt. Die Fahrwassertiefe im deutschen Kanal ist auf 4,5 m bemessen, in der Ems wird sie nach der Regulierung bei gewöhnlicher Ebbe ebensoviel betragen. Von Papenburg bis Emden geht die Fahrwassertiefe gegenwärtig bei Ebbe bis 3 m herunter, während sie bei gewöhnlicher Flut auf mehr als 4,50 m steigt. Es verkehren heute Seeschiffe mit 5 m Tiefgang bis zur Ledamündung und mit 3,8 bis 4 m Tiegang bis Papenburg. Der obengenannte Führer gibt aber für die Waal in Holland, die Fahrstraße der Rheinschiffe, auf rd. 85 km Länge bei mittlerem N. W. nur 2,70, für die Leck nur 2,20 bis 2,40 m Fahrwassertiefe an. Bei N. N. W. werden diese Maße wohl noch um 0,50 m einzuschränken sein. —

Trotz dieser unzweifelhaft großen Vorteile des Rhein-Nordsee-Kanals glauben wir, daß im allgemeinen von den Gütern, die jetzt der Rheinstrom durch Holland befördert, in der Regel nur diejenigen den deutschen Kanal aufsuchen werden, die von und nach Norden und Osten gehen, d. h. von und nach unseren Nordsee- und Ostseehäfen, nach den nördlichen russischen, den schwedischen, norwegischen und dänischen Häfen. Etwa gleichwertig sind beide Wege für den Güterverkehr nach dem nördlichen Schottland und dem hohen Norden, der ja auch von Jahr zu Jahr zunimmt. Für die Ausfuhr von Steinkohlen und Fabrikaten nach und für die Einfuhr von Erzen, Holz, Getreide von den genannten Häfen wird der neue Wasserweg, weil er den Verfrachtern erhebliche wirtschaftliche Vorteile bietet, bevorzugt werden. Der Verkehr nach dem Westen und Süden wird jedoch voraussichtlich größtenteils dem jetzigen Rhein-Wasserweg verbleiben. —

Der Verkehr auf dem Rhein über die deutsch-holländische Grenze betrug nach dem Jahresberichte der Zentral-Kommission für die Rheinschiffahrt im Jahre 1909:

zu Tal . . . . 9 977 108 t
zu Berg . . . . 14 883 655 t
zusammen: 24 860 763 t

Von den wichtigsten Massengütern entfallen in der Talfahrt:

auf Kohlen, Koks, Briketts . . . . 6 345 129 t
auf Eisen und Fabrikate daraus . . . . 1 100 619 t
zusammen: 7 445 748 t

in der Bergfahrt:

auf Eisenerze und andere Erze	6 642 408 t
auf Düngemittel aller Art	295 197 t
auf Getreide und Sämereien	3 466 391 t
auf Holz (ohne Floßholz)	1 409 268 t
auf Erdöl, Mineralöl u. dgl.	437 750 t
auf Steinkohlen	889 610 t
zusammen:	13 140 624 t

Die Kohlenausfuhr und die Erzeinfuhr sind demnach annähernd gleich groß und betragen je rd. 6$\frac{1}{2}$ Mill. t.

Die Einfuhr englischer Kohlen nach Deutschland betrug im Jahre 1909 etwa 11 Mill. t im Werte von rd. 150 Mill. M und diese Einfuhr geht zum weitaus größten Teile nach unseren Nordsee- und Ostseehäfen. Es kann gar nicht zweifelhaft sein, daß eine leistungsfähige Wasserverbindung zwischen Ruhrort und der Nordsee dem deutschen Kohlenbergbau den Wettbewerb mit der englischen Kohle wesentlich erleichtern würde. Der dabei erwachsende Verkehr würde ganz dem Rhein-Nordsee-Kanal zufallen.

Bei Berücksichtigung der im vorstehenden dargelegten Verhältnisse glauben wir den für den Rhein-Nordsee-Kanal zu erwartenden Verkehr mit rd. 7 Mill. t sehr vorsichtig eingeschätzt zu haben, zumal der Rheinverkehr von Jahr zu Jahr erheblich wächst. In den ersten Betriebsjahren wird der Verkehr selbstverständlich geringer sein, weil sich erfahrungsmäßig der Übergang des Verkehrs auf einen neuen Weg nur allmählich vollzieht und weil für die veränderten Verkehrsbedingungen auch die Fahrzeuge, sowohl die Schlepper als die Kähne, anzupassen bzw. neu zu beschaffen sind.

Wir bemerken, daß wir den Frachtverkehr der drei am Kanal belegenen bedeutenden Industriestädte — Bocholt, Gronau (mit dem holländischen Euschede) und Nordhorn — bei dieser generellen Berechnung außer Betracht lassen, weil deren fast ausschließlich für die Textilindustrie bestimmten Güter zwar dem Werte nach erheblich, hinsichtlich des Gewichts jedoch relativ unerheblich sind.

Die Betriebskosten, d. h. die für Verwaltung, Betrieb und Unterhaltung des Kanals aufzuwendenden Summen wurden von Sympher für die zweischiffigen Strecken des sog. Mittellandkanals ohne die Speisung zu rd. 0,7 v. H. des Baukapitals veranschlagt. Diese Kosten können bei Vergrößerung der Kanalquerschnitte keineswegs proportional wachsen. Bei den sehr einfachen Verhältnissen des Rhein-Nordsee-Kanals und bei der erheblich geringeren Zahl von Bauwerken würden hier für die angegebenen

Zwecke 0,5 v. H. des Baukapitals genügen. Das Baukapital für den rd. 171 km langen Kanal wurde zu 235 Mill. M ermittelt. Demnach sind die Verwaltungs- Betriebs- und Unterhaltungskosten mit 1 175 000 M anzusetzen.

Für die Speisung des Kanals sind zwei Pumpwerke bei Wesel und bei Bocholt vorgesehen und es wurde bei Erörterung der Speisungsfrage ermittelt, daß der größte Kraftbedarf in den Pumpstationen mit rd. 1200 P. S., der im Jahresdurchschnitt erforderliche Kraftbedarf mit rd. 600 P. S. anzusetzen ist.

Rechnet man die ständigen Kosten einer großen Pumpwerksanlage zu 5 Pfg. für jede P. S., so kann man diesen Satz zerlegen in:

1,5 Pfg. für fortlaufende Kosten: Unterhaltung, Abschreibung, Personal usf. und

3,5 Pfg. für Brenn-, Schmiermaterial u. dgl.

Die tägliche Betriebsdauer in den Pumpstationen wurde mit 22 Stunden angenommen. Daher werden die Betriebskosten der Pumpstationen bei 300 Betriebstagen betragen:

$$\frac{1200 \cdot 300 \cdot 22}{100} \cdot 1{,}5 = 188\,800 \text{ M}$$

$$\frac{600 \cdot 300 \cdot 22}{100} \cdot 3{,}5 = 138\,600 \text{ M}$$

zusammen: 327 400 M.

Demnach berechnen sich die gesamten Betriebskosten

zu rd. 1 502 000 M

jährlich.

Bei einem Verkehr von 7 000 000 t jährlich auf 171 km Länge bringt das

$$\frac{1\,435\,000 \cdot 100}{7\,000\,000 \cdot 171} = \text{rd. } 0{,}126 \text{ Pfg.}$$

für 1 t/km.

Für 1 km Kanallänge ergeben sich die gesamten Betriebskosten zu rd. 8400 M, während Sympher für den Mittellandkanal diese Kosten zu rd. 3530 M für 1 km bemessen hatte. Dieses Verhältnis dürfte angemessen sein.

Zu den Betriebskosten kommen die Kosten für Kahnfracht und Schlepplohn. Auf dem Rhein werden dafür beim Transport von Schwergütern: Erzen, Kohlen u. dgl., die hier fast allein maßgebend sein müssen, für je 1 t/km etwa 0,37 bis 0,40 M gezahlt, also für den ganzen rd. 219 km langen Weg von Ruhrort bis Rotterdam rd. 87$^{1}/_{2}$ Pfg. für 1 t.

Da auf dem Rhein-Nordsee-Kanal einerseits die Zugkosten ganz erheblich geringer sein werden als auf dem Rhein und andererseits eine weit gleichmäßigere Ausnutzung der Schiffsgefäße möglich sein wird, so ist es berechtigt, die Kosten für Kahnfracht und Schlepplohn auf dem Kanal niedriger einzusetzen. Rechnet man dafür 0,30 M und nimmt man für die Ems unter Berücksichtigung der reichlichen Fahrwassertiefe einen mittleren Satz an, so ergeben sich diese Kosten für die Strecke Ruhrort-Emden zu:

$$
\begin{array}{lr}
34 \text{ km Ruhrort-Wesel je } 0{,}40 \text{ M} \ldots . & 13{,}6 \text{ M} \\
171 \text{ km Wesel–Ems je } 0{,}30 \text{ M} \ldots . & 51{,}3 \text{ ,,} \\
49 \text{ km Rhede–Emden je } 0{,}35 \text{ M} \ldots . & \underline{17{,}5 \text{ ,,}} \\
\text{zusammen:} & 82{,}4 \text{ M.}
\end{array}
$$

Endlich kommen für den Rhein-Nordsee-Kanal die Kanalabgaben hinzu, die auf dem Rheine fehlen, solange nicht die Schiffahrtsabgaben, die nach dem letzten preußischen Wasserstraßengesetz geplant sind, zur Einführung gelangen. Aus den vorgeführten Zahlen geht hervor, daß ohne die Kanalabgaben die Frachtkosten von Ruhrort zur See über den Rhein nach Rotterdam und bzw. über den Rhein-Nordsee-Kanal nach Emden sich annähernd gleich kommen werden, so daß der Unterschied zwischen den Kanalabgaben und den etwa auf dem Rheine einzuführenden Schiffahrtsabgaben eine Mehrbelastung zuungunsten des Kanalverkehrs ergeben muß.

Sympher hat in seinem Werke „Die wasserwirtschaftliche Vorlage" folgende Kanalabgaben für den sogenannten Mittelkanal angesetzt:

	Hohe	Niedrige	
	Abgaben		
Güterklasse I	2,0	1,0	Pfg. für 1 t/km
,, II	1,5	0,75	,, ,, 1 ,,
,, III	1,0	0,5	,, ,, 1 ,,

Für den hier allein maßgebenden Massengüterverkehr der Erze, Kohlen usw. käme also eine Abgabe von 0,5 Pfg. für jedes t-km in Betracht. Würden diese auf dem Rhein-Nordsee-Kanal erhoben, so stellten sich die Frachtkosten für 1 t im Verkehr Ruhrort—Emden auf

$$82{,}4 + 171 \cdot 0{,}50 = \text{rd. } 1{,}68 \text{ M}$$

gegen rd. $87\frac{1}{2}$ Pfg. für die Strecke Ruhrort—Rotterdam.

Der Preisunterschied von rd. 80 Pfg. für 1 t von Ruhrort bis zum Seehafen wird im Verkehr mit den nördlichen und östlichen Seehäfen durch Frachtersparnisse auf dem Seewege zum größeren oder geringeren Teile ausgeglichen werden können.

Nun ergibt eine Kanalabgabe von 0,5 Pfg. für 1 t/km bei einem Verkehr von 7 Mill. t eine Jahreseinnahme von

$$\frac{7\,000\,000 \cdot 171}{100} \cdot 0{,}5 = \text{rd. 6 Mill. M,}$$

denen die oben ermittelte Jahresausgabe von

1 435 000 M

gegenübersteht.

Demnach würden für Verzinsung und Tilgung des Baukapitals bei der angenommenen Kanalabgabe noch

4 565 000 M

verfügbar sein.

Bei einem Gesamtaufwand von 235 Mill. M bringt dies also rd. 2 v. H. Wollte man $3^1/_2$ v. H. als Mindestbetrag zur Verzinsung und Tilgung des Baukapitals ansetzen, so müßte bei 7 Mill. t Jahresverkehr die Kanalabgabe auf rd. 0,8 Pfg. erhöht werden, wobei die Frachtkosten für 1 t von Ruhrort bis Emden auf rd. 2,30 M steigen würden, oder der Verkehr müßte sich auf fast $11^1/_2$ Mill. t steigern.

Nun wird man nach den gegebenen Darlegungen eine Erhöhung der Kanalabgaben nicht als zulässig erachten können, denn sie würde die Entwickelung des Verkehrs auf das Empfindlichste schädigen. Eine Steigerung des Verkehrs über 7 Mill. t hinaus kann bei dem starken Anwachsen des Verkehrs auf dem Rheine und in unseren Nordseehäfen und bei der steigenden wirtschaftlichen Bedeutung des hohen Nordens mit der Zeit gewiß erwartet werden. Dennoch wird der Rhein-Nordsee-Kanal für eine Reihe von Jahren einen ganz erheblichen Zuschuß erfordern. Auch ohne zahlenmäßigen Nachweis konnte man von vornherein darüber nicht im Zweifel sein, daß der Rhein-Nordsee-Kanal eine gewinnbringende Anlage nicht darstellen kann, sondern daß er vielmehr Opfer verlangt. Immerhin zeigen die vorliegenden Darlegungen, daß der von Jahr zu Jahr mächtig wachsende Verkehr von dem in so gewaltigem Aufschwunge befindlichen Wirtschaftsgebiete des Rheintales und seiner Umgebung nach den nördlichen und östlichen Seeplätzen eine mäßige Verzinsung der Anlagen wohl erhoffen läßt.

Die Frage der Wirtschaftlichkeit darf aber nicht in dem Sinne entschieden werden, daß die Deckung der Kosten aus den Gebühren des Schiffsverkehrs als notwendige Voraussetzung für die Schaffung des Rhein-Nordsee-Kanals anzusehen sei; denn es kann keinem Zweifel unterliegen, daß dieser Verkehrsweg dem nationalen Wirtschaftsleben mittelbar überaus große Vorteile gewährt und die nationale Unabhängigkeit des Vaterlandes stärkt. Die Verbindung unseres bedeutendsten Wirtschaftsgebietes mit den deutschen Seehäfen vom Auslande unabhängig zu gestalten und auch für den Fall eines Krieges mit einem zur See überlegenen Gegner aufrecht zu erhalten, ist ein Ziel, dessen Erreichung die Aufwendung großer Mittel rechtfertigt. Der Rhein-Nordsee-Kanal würde die Wettbewerbfähigkeit unserer Nordseehäfen wesentlich heben; denn heute hängt die Bedeutung eines Seehafens nicht mehr allein von dessen Lage zur See ab, sondern in noch höherem Maße von der wirtschaftlichen Stärke des Hinterlandes und von der Leistungsfähigkeit der Verbindungswege zum Hinterland. Unser leider noch so wenig ausgenutztes westliches Ausfalltor an der Nordsee, die Emsmündung, würde durch den Kanal mit einem Schlage die im Interesse unserer Gesamtwirtschaft zu fordernde Leistungsfähigkeit erlangen. Geben wir für den Bau und die würdige Ausgestaltung unserer Bahnhöfe, der Geschäftsgebäude der Behörden und der wirtschaftlichen Verbände unter allseitiger Billigung Hunderte von Millionen aus, so darf es auch gerechtfertigt genannt werden, ein so bedeutendes nationales Werk, wie es der Rhein-Nordsee-Kanal sein wird, durchzuführen und durch Verzicht auf hohe Abgaben ihn zum bevorzugten Verkehrswege auszugestalten.

Somit darf das Unternehmen eines Rhein-Nordsee-Kanals als technisch ohne Schwierigkeit durchführbar, als wirtschaftlich empfehlenswert bezeichnet und zur Hebung unserer nationalen Unabhängigkeit warm befürwortet werden.

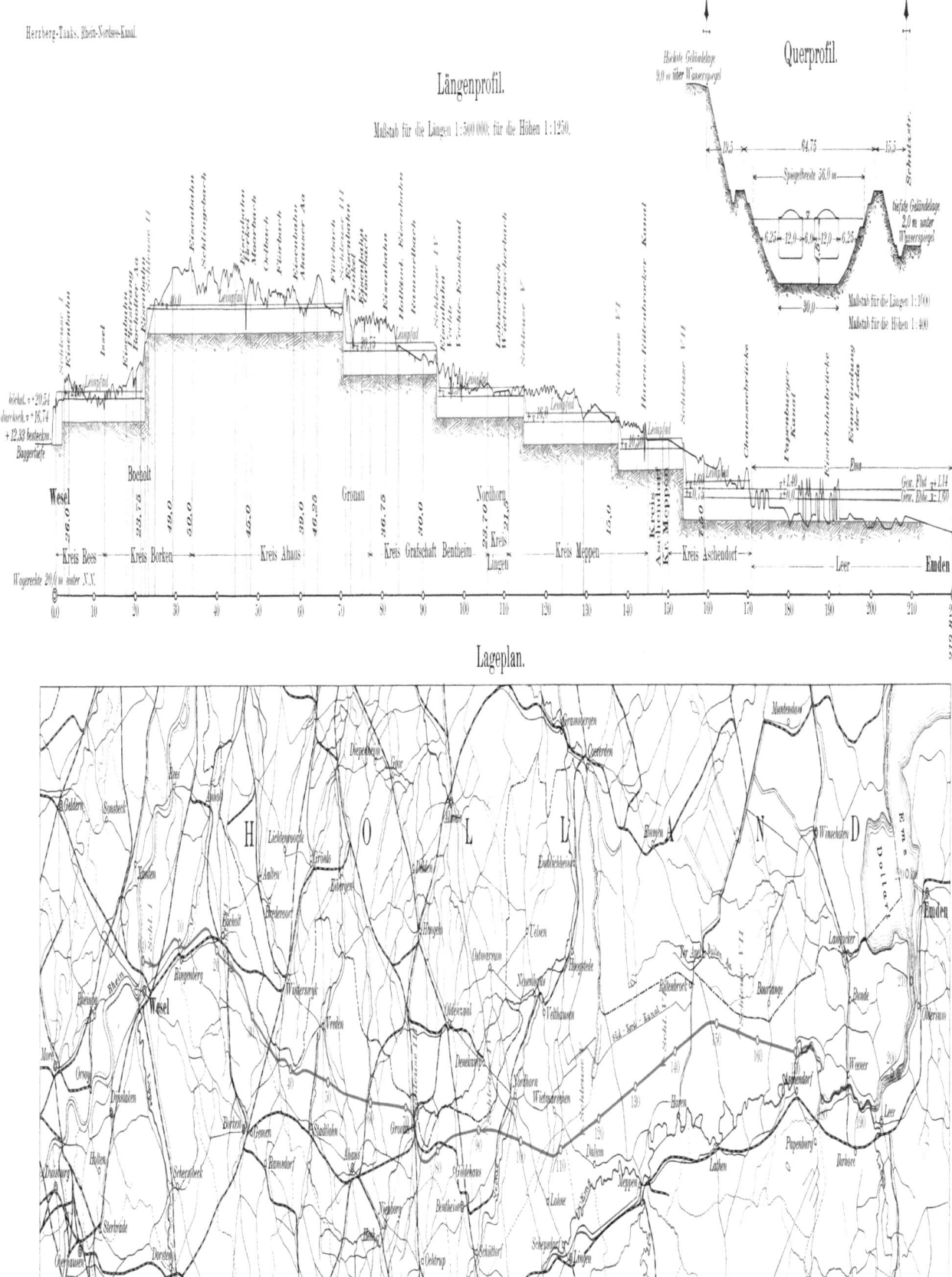

If you have any concerns about our products,
you can contact us on
ProductSafety@springernature.com

In case Publisher is established outside the EU,
the EU authorized representative is:
**Springer Nature Customer Service Center GmbH
Europaplatz 3, 69115 Heidelberg, Germany**

Printed by Libri Plureos GmbH
in Hamburg, Germany